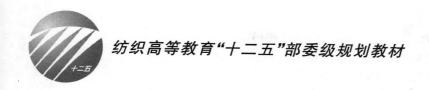

纺织高等教育"十二五"部委级规划教材

羊毛衫生产工艺与 CAD 应用

姚晓林 编 著

U0280143

中国纺织出版社

内 容 提 要

　　本书包括横机羊毛衫下数工艺与CAD两大部分,下数工艺部分主要阐述横机羊毛衫的产品工艺单和放码用料的计算方法;CAD部分针对高速发展和普及的计算机辅助针织设计软件,从计算机辅助花型设计、下数范本制作与修改、工艺单的制定等方面,阐述计算机辅助工艺与花型设计的方法,并加入了方格纸以及与电脑横机接驳的相关内容,以满足教学与生产的需要。

　　本书可作为纺织服装院校相关专业的教材或教学参考书,也可供羊毛衫设计人员、产品开发人员以及设备和产品贸易人员的参考。

图书在版编目(CIP)数据

羊毛衫生产工艺与CAD应用/姚晓林编著.—北京:中国纺织出版社,2012.9(2023.2重印)
纺织高等教育"十二五"部委级规划教材
ISBN 978 - 7 - 5064 - 8850 - 1

Ⅰ.①羊… Ⅱ.①姚… Ⅲ.①横机—羊毛制品—毛衣—生产工艺—高等学校—教材②横机—羊毛制品—毛衣—计算机辅助设计—高等学校—教材 Ⅳ.①TS184.5

中国版本图书馆CIP数据核字(2012)第164530号

策划编辑:孔会云　　特约编辑:杨荣贤　　责任设计:李　然
责任印制:何　艳　　责任校对:王花妮

中国纺织出版社出版发行
地址:北京市朝阳区百子湾东里A407号楼　　邮政编码:100124
销售电话:010—67004422　　传真:010—87155801
http://www.c-textilep.com
中国纺织出版社天猫旗舰店
官方微博 http://weibo.com/2119887771
唐山玺诚印务有限公司印刷　各地新华书店经销
2012年9月第1版　2023年2月第5次印刷
开本:787×1092　1/16　印张:14
字数:249千字　定价:32.00元

随着针织服装行业的发展，各类 CAD 软件在针织服装领域的应用得到了快速的发展，利用 CAD 软件制定毛衫工艺单，已经成为毛衫从业人员的一项基本技能，无论电脑横机还是手动横机使用者，都可以利用该软件简化计算和方便生产，随着软件的普及应用，迫切需要书籍来辅助学习和加强交流，本书以业界熟知的澎马（Prima vision）和广泛应用的智能（smart）设计软件为例，主要针对这类 CAD 软件功能进行阐述，为广大的 CAD 软件学习者和程序编写人员提供参考。

澎马软件在功能和架构上，为后续的 CAD 软件开发提供了坚实的基础，作为其升级换代产品，智能 CAD 软件在工艺单制定功能方面得到了快速的变化升级，主要体现在尺寸设定、交点控制、附件制作、文字修改、缝合说明、下数修改等方面，其制定和修改界面更加灵活开放，可以更好地满足实际生产中的工艺单制定需要。随着电脑横机的普及应用，智能软件还开发了与电脑横机的接驳，使智能下数工艺单可以转入电脑横机中直接编织生产，澎马和智能软件的发展变化，可以为毛衫 CAD 软件学习和开发人员研究软件的发展方向和思路提供参考。

本书在写作过程中得到了智能软件公司的协助，在此表示感谢，同时向所有支持帮助过本教材写作与出版的同志表示感谢。

本书既可作为纺织服装院校相关专业的教材，也可作为相关企业的培训教材，同时可供毛衫企业设计人员、产品开发人员参考学习。书中列举了大量生产实例，且实例大多来自香港和广东地区，故书中采用的广东企业用语较多，为方便读者阅读，在书后以附录的形式列出了常用的广东企业用语与书面语对照表。

由于编者水平有限，本教材难免有不妥之处，敬请读者批评指正。

编著者

2012 年 6 月

　　《国家中长期教育改革和发展规划纲要》中提出"全面提高高等教育质量","提高人才培养质量"。教育部教高［2007］1号文件"关于实施高等学校本科教学质量与教学改革工程的意见"中,明确了"继续推进国家精品课程建设","积极推进网络教育资源开发和共享平台建设,建设面向全国高校的精品课程和立体化教材的数字化资源中心",对高等教育教材的质量和立体化模式都提出了更高、更具体的要求。

　　"着力培养信念执著、品德优良、知识丰富、本领过硬的高素质专门人才和拔尖创新人才",已成为当今本科教育的主题。教材建设作为教学的重要组成部分,如何适应新形势下我国教学改革要求,配合教育部"卓越工程师教育培养计划"的实施,满足应用型人才培养的需要,在人才培养中发挥作用,成为院校和出版人共同努力的目标。中国纺织服装教育学会协同中国纺织出版社,认真组织制订"十二五"部委级教材规划,组织专家对各院校上报的"十二五"规划教材选题进行认真评选,力求使教材出版与教学改革和课程建设发展相适应,充分体现教材的适用性、科学性、系统性和新颖性,使教材内容具有以下三个特点:

　　(1)围绕一个核心——育人目标。根据教育规律和课程设置特点,从提高学生分析问题、解决问题的能力入手,教材附有课程设置指导,并于章首介绍本章知识点、重点、难点及专业技能,增加相关学科的最新研究理论、研究热点或历史背景,章后附形式多样的思考题等,提高教材的可读性,增加学生学习兴趣和自学能力,提升学生科技素养和人文素养。

　　(2)突出一个环节——实践环节。教材出版突出应用性学科的特点,注重理论与生产实践的结合,有针对性地设置教材内容,增加实践、实验内容,并通过多媒体等形式,直观反映生产实践的最新成果。

　　(3)实现一个立体——开发立体化教材体系。充分利用现代教育技术手段,构建数字教育资源平台,开发教学课件、音像制品、素材库、试题库等多种立体化的配套教材,以直观的形式和丰富的表达充分展现教学内容。

　　教材出版是教育发展中的重要组成部分,为出版高质量的教材,出版社严格甄选作者,组织专家评审,并对出版全过程进行跟踪,及时了解教材编写进度、编写质量,力求做到作者权威、编辑专业、审读严格、精品出版。我们愿与院校一起,共同探讨、完善教材出版,不断推出精品教材,以适应我国高等教育的发展要求。

中国纺织出版社
教材出版中心

目 录

第一章　毛衫产品工艺设计

第一节　装袖类产品工艺设计

装袖产品在羊毛衫产品中占有较大比重,主要根据其肩型和袖窿设计进行分类,在一些港资企业和广东地区的企业中,肩又称膊,袖窿和挂肩又称夹,因此羊毛衫也被称为膊型产品和夹型产品。装袖产品按肩型分主要有两种款式:对膊和西装膊;按挂肩和袖窿类型分主要有三种款式:直夹、入夹和弯夹。书中此类企业常用语第一次出现时将给出对应的书面语。对膊是指装袖(前后肩斜相等)、平肩,西装膊是指装袖(前肩斜为0,后肩斜 = 2 × 成品肩斜)、斜肩。直夹是指直袖(衣身挖肩为0),入夹是指装袖(衣身挂肩收针高度 = 袖子收针高度),弯夹是指装袖(袖子收针高度 > 2 × 衣身挂肩收针高度,约2倍)。下面对这几种款式的生产工艺计算(下数计算)分类介绍并举例。

一、直夹对膊羊毛衫的工艺计算

(一)工艺计算基本理论

工艺计算是以成品密度为基础,根据产品各部位的规格尺寸,计算所需要的针数和转数,其计算方法不唯一,只要生产出符合需要的产品均为正确,下面就一般的计算方法加以介绍。

1. 成品密度的求法　首先根据生产单和手感的要求,先定机号、纱线及纱线根数以及弯纱三角密度调节量(字码),织一块 30cm × 30cm 的样片;然后把编织好的样片包缝,洗水烘干后熨烫,熨烫不能扩大或缩小样片的原有面积;最后将样片放在工作台上,量取和计算横密和纵密。

由于衣身和袖片受的牵拉力不同,下机后的松弛收缩不同。衣身受袖子的牵拉,纵向收缩趋势增大而横向收缩趋势减小;袖子则相反。因此在工艺计算中,衣身和袖子的密度差异会根据坯布组织、机器机号、原料种类和后整理的不同而不同,一般高机号、密度大的织物差异较小,有些可忽略;低机号、密度小的织物差异较大,一般袖子纵密比衣身的纵密大 2% ~ 8%,袖子横密比衣身横密小 1% ~ 5%。为计算和生产简便,衣身可与袖子采用相同的横密和纵密,而在尺寸上加以修正。

2. 机号的选择　生产中需根据织物组织结构、纱线规格来选择横机的机号,根据经验,一般平针罗纹组织,纱线规格与横机机号之间关系如下式所示。

$$Tt = \frac{k}{G^2}$$

$$N_{\mathrm{m}} = \frac{G^2}{k'}$$

式中：Tt——纱线线密度，tex；

k, k'——常数（实验得出 $k = 7\,000 \sim 1\,100, k' = 7 \sim 11$）；

G——机号，针/25.4mm（针/英寸）；

N_{m}——公支。

例：在 11G 横机上，可否使用 41.7tex×2（24 公支/2）羊绒纱？

$$Tt = 41.7 \times 2 = 83.4(\mathrm{tex})$$

$$k = TtG^2 = 83.4 \times 11^2 = 10\,091.4$$

k 值在 $7\,000 \sim 11\,000$，故可以编织。

例：现采用两根 38.5tex×2（26 公支/2）腈纶纱织平针织物，宜选用多大机号的横机？

$$Tt = 2 \times 38.5 \times 2 = 154(\mathrm{tex})$$

取 $k = 8\,000, G = \sqrt{\dfrac{k}{Tt}} = \sqrt{\dfrac{8\,000}{154}} \approx 7.2$

取 7G 机器编织。

3. 衫脚（下摆）与袖口的求法　袖口针数的求法是把织出的布片洗烫好并对折起来，直接用量尺测量袖口阔所含的纵行数（针数）即可。衫脚与袖口的纵密（直密）求法是量取 20 转衫脚的高度，假定为 3.8cm，故衫脚的纵密为 20/3.8 = 5.263（转/cm）。

4. 弯纱三角密度调节（字码）　弯纱三角调节密度采用拉密表示。由于针织物下机密度变化较大，影响因素较多，因而采取将一定针数或转数的织物用力沿横列或纵行方向向两边拉伸到最大，测量其尺寸，来作为弯纱三角密度调节的依据。横机上机头一个往复运动为一转，转数与横列数的关系如表 1-1 所示。

表 1-1　转数与横列数的关系

组织结构	横列数与转数关系	转数/横列数
（半）畦编、三平	一转一横列	1
平针、罗纹	一转二横列	1/2
四平空转	三转四横列	3/4

表 1-2 为常用弯纱三角密度调节参考值，表中支表示针、纵行，1 个坑表示 1 个罗纹反面纵行或一个完全组织，n 支拉表示下机密度、拉密，n 纵行拉，n 坑拉表示 n 个罗纹完全组织拉密。

表1-2 不同机号常用弯纱三角密度调节参考值

机 号	弯纱三角密度参考值		
	1+1罗纹	2+2罗纹	平针(单边)
$3\frac{1}{2}G$	5 支拉8.255cm($3\frac{2}{8}$英寸),1.57转/cm(4 转/英寸)	3 坑拉8.89cm($3\frac{4}{8}$英寸),1.97转/cm(5 转/英寸)	5 支拉6.35cm($2\frac{4}{8}$英寸),1.57纵行/cm,1.26 转/cm(4 针/英寸,3.2转/英寸)
$5G$	5 支拉6.35cm($2\frac{4}{8}$英寸),1.97转/cm(5 转/英寸)	3 坑拉8.255cm($3\frac{2}{8}$英寸),2.36转/cm(6 转/英寸)	10 支拉8.89cm($3\frac{4}{8}$英寸),2.36纵行/cm,1.97 转/cm(6 针/英寸,5 转/英寸)
$7G$	10 支拉9.842cm($3\frac{7}{8}$英寸),3.15转/cm(8 转/英寸)	5 坑拉9.842cm($3\frac{7}{8}$英寸),2.76转/cm(7 转/英寸)	10 支拉7.302cm($2\frac{7}{8}$英寸),3.15纵行/cm,2.76 转/cm(8 针/英寸,7 转/英寸)
$9G$	10 支拉8.255cm($3\frac{2}{8}$英寸),3.94转/cm(10 转/英寸)	10 坑拉9.525cm($3\frac{6}{8}$英寸),4.33 转/cm(11 转/英寸)	10 支拉6.032cm($2\frac{3}{8}$英寸),3.94纵行/cm,3.54 转/cm(10 针/英寸,9 转/英寸)
$12G$	10 支拉7.302cm($2\frac{7}{8}$英寸),5.12转/cm(13 转/英寸)	10 坑拉8.255cm($3\frac{2}{8}$英寸),5.51 转/cm(14 转/英寸)	10 支拉4.921cm($1\frac{7.5}{8}$英寸),5.51纵行/cm,4.72 转/cm(14 针/英寸,12 转/英寸)

(二)直夹对膊羊毛衫的工艺计算方法

1.计算顺序

后身──→前身──→袖片

2.测量方法 直夹对膊(直袖装袖)羊毛衫测量部位如图1-1所示,具体测量部位名称及测量方法见表1-3。

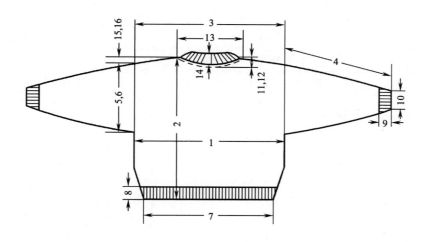

图1-1 直夹对膊羊毛衫测量示意图

表1-3 成衣测量

序号	部 位	测量方法	序号	尺寸名称	测量方法
1	胸阔	夹下2.54cm(1英寸)量	9	袖口高(长)	
2	衫长	从领边测量	10	袖口阔	
3	膊阔		11	前领深	膊水平至缝线
4	袖长	从膊边测量	12	后领深	缝线至缝线
5	夹阔	直量	13	领阔	
6	袖阔(袖管阔)		14	领高(贴)	
7	衫脚阔		15	前膊斜	前领边至膊边
8	衫脚高		16	后膊斜	后领边至膊边

注 膊阔指肩阔,夹阔指挂肩,衫脚指下摆,前膊指前肩,后膊指后肩,衫长指衣长、身长。

3. 工艺计算方法 直夹对膊羊毛衫的工艺计算方法如表1-4所示。

表1-4 直夹对膊羊毛衫的工艺计算方法

序号	后身部位	计 算 方 法	备 注
1	胸阔针数	(胸阔-摆缝折向)×横密+缝耗针数	摆缝折向可为0~1cm左右
2	膊阔针数	膊阔×横密×肩斜修正	肩斜修正对于变形小产品可取95%~97%
3	夹收针次数	(胸阔-膊阔)/每次两边收去针数	
4	收夹转数	0	*
5	领阔针数	领阔×横密	测量方式为线至线
6	后领底平位	后领底平位×横密	后领底平位根据后领曲线形状取值
7	单膊阔	(膊阔-领阔)/2	
8	衫长转数	(衫长-衫脚高)×纵密+缝耗转数	领边测量
9	夹上转数	夹阔×纵密	
10	夹上平摇转数	夹上转数	*
11	夹下转数	衫长转数-夹上转数	
12	后领深转数	后领深×纵密	测量方式为水平至线
序号	前身部位	计 算 方 法	备 注
13	胸阔针数	(胸阔+摆缝折向)×横密+缝耗针数	摆缝折向可为0~1cm左右
14	夹收针次数	比后身多1~2次或相等	
15	收夹转数	0	*
16	膊阔针数	胸阔针数-夹收针次数×每次两边收去针数	
17	领阔针数	16-2×7	测量方式为线至线
18	前领底平位	前领底平位×横密	前领底平位根据前领曲线形状取值
19	前领深转数	前领深×纵密	测量方式为水平至线

续表

序号	前身部位	计 算 方 法	备 注
20	前领平位转数	(2.54~3.5cm)×纵密	
21	前领收针次数	(领阔针数－前领底平位)/每次两边收去针数	
22	衫长转数	比后身长1~1.5cm或2转左右,也可相等	
23	夹下转数	=后身夹下转数	
24	夹上转数	衫长转数－夹下转数	
25	夹上平摇转数	=夹上转数	*

序号	袖片部位	计 算 方 法	备 注
26	袖阔针数	袖阔×2×横密×修正系数＋缝耗针数	修正系数为101%~105%,也可据情况忽略此系数
27	袖口阔针数	袖口阔×2×横密×修正系数＋缝耗针数	袖口阔若袖口为罗纹,测量方式为袖口横量,需做修正,在11~13cm内取值
28	袖山针数(袖尾剩针)	=袖阔针数	*
29	袖长转数	(袖长－袖口长)×纵密×修正系数＋缝耗转数	袖口长又称袖口罗纹高度,修正系数92%~98%左右,也可据情况忽略此系数
30	袖夹上转数	0	*
31	袖夹收针次数	袖阔针数－袖山针数＝0	
32	袖夹下转数	=袖长转数	
33	袖夹下平位转数	夹下平位×纵密	袖夹下平位要求2.54cm(1英寸)以上,一般3~6cm
34	袖夹下加针次数	(袖阔针数－袖口阔针数)/(每次每边加针数×2)	
35	袖夹下加针转数	袖夹下转数－袖夹下平位转数	

注 1.＊项的计算方法随羊毛衫产品夹型的变化而变化;
　　2.夹收针指挂肩收针,收夹指挂肩收针,夹下指挂肩以下,夹上指挂肩以上;
　　3.袖夹上指袖山高,袖夹下指袖山下;
　　4.膊阔指肩阔,单膊阔指单肩阔;
　　5.袖尾指袖顶。

4.计算实例

款式:女装圆领直夹对膊长袖套头衫。

用料:24.6tex×2(24英支/2),70%腈纶,30%羊毛。

针型:7G,夹0支边(多针式移圈收针的针数与并针针数的差值,多针式暗收针又称收花,0支边指边上的0针不并针,从第1针开始并针。后同)。

尺码:M,领0支边。

组织:衣身、袖子采用平针,衫脚、袖口、领子采用1+1罗纹。

成品密度:3.257 纵行/cm×2.46 转/cm(8.273 纵行/英寸×6.25 转/英寸)。

下机密度(拉密):

2 根纱线(2 条毛),衣身采用平针,10 支拉 7.779cm($3\frac{0.5}{8}$英寸)。

2 根纱线(2 条毛),衫脚采用 1＋1 罗纹,10 支拉 10.795cm($4\frac{2}{8}$英寸)。

2 根纱线(2 条毛),领采用 1＋1 罗纹,10 个完全组织拉 10.16cm(4 英寸)。

其成衣尺寸和工艺具体计算分别见表 1－5 和表 1－6。生产工艺单如图 1－2 所示,图中圆筒指管状平针。

表 1－5　成衣尺寸表

cm(英寸)

序号	部　　位	尺寸	序号	部　　位	尺寸
1	胸阔(夹下 2.54cm 量)	53.3(21)	8	衫脚高(采用 1＋1 罗纹,单层)	5(2)
2	衫长(从领边量)	63.5(25)	9	袖口高(采用 1＋1 罗纹,单层)	5(2)
3	膊阔	53.3(21)	10	袖口阔(加橡筋)	9(3.5)
4	袖长	48(19)	11	前领深(测量方式为水平至线)	7.5(3)
5	夹阔	23(9)	12	后领深(测量方式为水平至线)	2.5(1)
6	袖管阔	20(8)	13	领阔(测量方式为线至线)	17(7)
7	衫脚阔(采用 1＋1 罗纹,单层)	53.3(21)	14	领高(采用 1＋1 罗纹,双层)	3.8(1.5)

表 1－6　女装圆领直夹对膊长袖套头衫的计算过程

序号	后身部位	计 算 方 法	备　　注
1	胸阔针数	(53.3－1)×3.257＋4	174 针
2	膊阔针数	53.3×3.257×97%＋4	172 针
3	夹收针次数	(174－172)/2	1 次
4	收夹转数	0	收针方法 1－1－1
5	领阔针数	17×3.257	取 54 针
6	后领底平位	8.5×3.257	取 27 针
7	单膊阔	(172－54)/2	59 针
8	衫长转数	(63.5－5)×2.46＋2	取 144 转
9	夹上转数	23×2.46	取 56 转
10	夹上平摇转数	＝夹上转数	取 56 转
11	夹下转数	144－56	88 转
12	后领深转数	2.5×2.46	取 4 转(考虑工艺因素)
序号	前身部位	计 算 方 法	备　　注
13	胸阔针数	(53.3＋1)×3.257＋4	取 178 针
14	夹收针次数	比后身多 1～2 次或相等	
15	收夹转数	0	收针方法 1－2－1
16	膊阔针数	178－2×2	174 针
17	领阔针数	174－2×59	56 针,测量方式为线至线

续表

序号	前身部位	计 算 方 法	备 注
18	前领底平位	7.5×3.257	取24针
19	前领深转数	7.5×2.46	取24转(考虑工艺因素)
20	前领平位转数	2.5×2.46	取5转
21	前领收针次数	$(56 - 24)/4$	8次,收针方法 $2-2-3,3-2-5$
22	衫长转数	$144 + 2$	146转
23	夹下转数	$=$后身夹下转数	88转
24	夹上转数	$146 - 88$	58转
25	夹上平摇转数	$=$夹上转数	58转

序号	袖片部位	计 算 方 法	备 注
26	袖阔针数	$20.3 \times 2 \times 3.257 \times 108\% + 4$	取148针
27	袖口阔针数	$12.5 \times 2 \times 3.257 \times 108\% + 4$	取92针
28	袖山针数(袖尾剩针)	$= 148$	148针
29	袖长转数	$(48 - 5) \times 2.46 \times 95\%$	100转
30	袖夹上转数	0	
31	袖夹收针次数	$148 - 148 = 0$	
32	袖夹下转数	100	100转
33	袖夹下平位转数	3.5×2.46	取9转
34	袖夹下加针次数	$(148 - 92)/2$	28次
35	袖夹下加针转数	$100 - 9$	91转,加针方法 $3+1+21,4+1+7$

注 1. $a - b - c$ 收针表示法,书面语为 $a - b \times c$;每 a 转收 b 针,收 c 次;

  2. $a + b + c$ 加针表示法,书面语为 $a + b \times c$,每 a 转加 b 针,加 c 次。

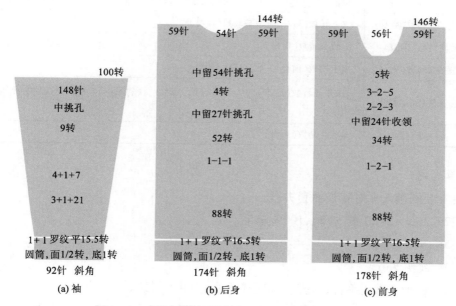

图 1 - 2 女装圆领直夹对膊长袖套头衫生产工艺单

二、入夹对膊羊毛衫的工艺计算

入夹对膊羊毛衫的款式图如图 1−3 所示。

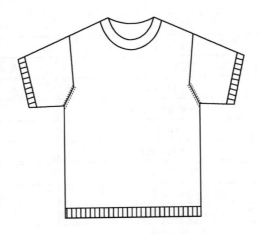

图 1−3   入夹对膊羊毛衫款式图

1. 计算顺序

后身——前身——袖片

2. 工艺计算方法

基本计算方法同直夹对膊羊毛衫的计算方法,发生改变的计算部位如表 1−7 所示。

表 1−7   入夹对膊羊毛衫的工艺计算方法

序号	部　位	计　算　方　法	备　注
1	收夹转数(后身)	取值×纵密(取值一般定为夹阔尺寸的 0.2~0.3 左右)	也可根据具体服装设计而定
2	夹上平摇转数(后身)	夹上转数(后身)−收夹转数(后身)	
3	收夹转数(前身)	=收夹转数(后身)	或多收 1~2 次
4	夹上平摇转数(前身)	夹上转数(前身)−收夹转数(前身)	
5	袖山针数(袖尾剩针)	[夹平摇转数(后身)+夹平摇转数(前身)]/(纵密×横密)	纵密为衣身纵密,横密为袖子横密
6	袖夹上转数	=收夹转数(后身)	

3. 计算实例

款式:女装圆领入夹对膊长袖套头衫。

用料:29.2tex×2(20 英支/2),100% 羊毛。

针型:5G,夹 2 支边。

尺码:M,领 0 支边。

组织:衣身、袖子采用平针,衫脚、袖口、领子采用 1+1 罗纹。

成品密度:2.526 纵行/cm×1.958 转/cm(6.416 纵行/英寸×4.973 转/英寸)。

下机密度(拉密):

3 根纱线(3 条毛),衣身采用平针,10 支拉 8.89cm($3\frac{4}{8}$ 英寸)。

4 根纱线(4 条毛),衫脚采用 1 + 1 罗纹,5 坑拉 5.715cm($2\frac{2}{8}$ 英寸)。

4 根纱线(4 条毛),领采用 1 + 1 罗纹,5 坑拉 5.715cm($2\frac{2}{8}$ 英寸)。

其成衣尺寸和工艺具体计算分别见表 1-8 和表 1-9,生产工艺单如图 1-4 所示。

表 1-8 成衣尺寸表

cm

序号	部 位	尺 寸	序号	部 位	尺 寸
1	胸阔(夹下 2.54cm 量)	57	8	衫脚高	2
2	衫长(领边测量)	73	9	袖口高	4
3	膊阔	52	10	袖口阔	7.5
4	袖长	49	11	前领深(测量方式为水平至线)	5
5	夹阔	26	12	后领深(测量方式为水平至线)	3/4
6	袖管阔	23	13	领阔(测量方式为线至线)	19
7	衫脚阔	50	14	领高	4

表 1-9 女装圆领入夹对膊长袖套头衫的计算过程

序号	后身部位	计 算 方 法	备 注
1	胸阔针数	(57 - 0.5)×2.526 + 2	144 针
2	膊阔针数	52×2.526×97%	取 128 针
3	夹收针次数	(144 - 128)/4	4 次
4	收夹转数	6×1.958	取 12 转,收针方法 3 - 2 - 3,3 - 1 - 2
5	领阔针数	19×2.526	取 46 针
6	后领底平位		
7	单膊阔	(128 - 46)/2	41 针
8	衫长转数	(73 - 2)×1.958 + 2	取 142 转
9	夹上转数	26×1.958	取 53 转(包含 2 转缝耗)
10	夹上平摇转数	51 - 12	39 转
11	夹下转数	142 - 53	89 转
12	后领深转数	0	(考虑工艺因素)不计
序号	前身部位	计 算 方 法	备 注
13	胸阔针数	(57 + 0.5)×2.526 + 2	取 146 针
14	夹收针次数	比后身多 1~2 次或相等	4 次 +2 针
15	收夹转数	12	收针方法 3 - 2 - 4,3 - 1 - 1
16	膊阔针数	146 - 2×4×2 - 1×1×2	128 针
17	领阔针数	128 - 41×2	46 针,测量方式为线至线
18	前领底平位	7.5×2.526	取 18 针

续表

序号	前身部位	计 算 方 法	备 注
19	前领深转数	$5 \times 1.958 + 2$	取14转(考虑工艺因素)
20	前领平位转数	2.54×1.958	取4转
21	前领收针次数	$(46 - 18)/4$	7次,收针方法 1-2-3,2-2-4
22	衫长转数	$142 + 2$	144转
23	夹下转数	=后身夹下转数	89转
24	夹上转数	$144 - 89$	55转(包含2转缝耗)
25	夹上平摇转数	$53 - 12$	41转
序号	袖片部位	计 算 方 法	备 注
26	袖阔针数	$23 \times 2 \times 2.526 \times 105\% + 2$	取124针
27	袖口阔针数	$11 \times 2 \times 2.526 \times 105\% + 2$	取60针
28	袖山针数(袖尾剩针)	$\dfrac{41 + 39}{1.958} \times 2.526$	取102针
29	袖长转数	$(49 - 4) \times 1.958 \times 95\% + 2$	取85转
30	袖夹上转数	收夹转数(后身)	12转
31	袖夹收针次数	$(124 - 102)/4$	5次余2针,收针方法 3-2-3,2-2-2, 2-1-1
32	袖夹下转数	$= 85 - (12 + 2)$	71转
33	袖夹下平位转数	3×1.958	取6转
34	袖夹下加针次数	$(124 - 60)/2$	32次
35	袖夹下加针转数	$71 - 6$	65转,加针方法 1+1+6,2+1+19, 3+1+7

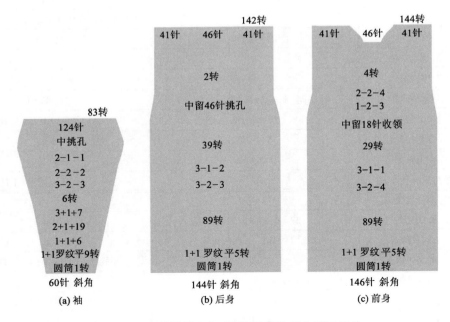

图 1-4 女装圆领入夹对膊长袖套头衫生产工艺单

三、弯夹对膊羊毛衫的工艺计算

弯夹对膊羊毛衫的款式图如图1−5所示。

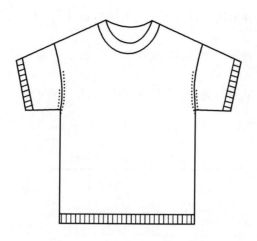

图1−5 弯夹对膊羊毛衫款式图

1. 计算顺序

后身 ── 前身 ── 袖片

2. 工艺计算方法 基本计算方法同入夹对膊羊毛衫,发生改变的计算部位如表1−10所示。

表1−10 弯夹对膊款式的工艺计算方法

序号	部 位	计 算 方 法	备 注
1	收夹转数(后身)	取值×纵密(取值一般定为夹阔尺寸的0.3左右)	也可根据具体服装设计而定
2	夹上转数	(夹阔−斜向修正系数+膊斜)×纵密	斜向修正系数为夹阔斜边方向与竖直直角边方向高度的差值
3	夹上平摇转数(后身) (即后身与袖尾对应转数)	夹上转数(后身)−与袖山高对应转数 (=$\sqrt{夹阔^2-袖阔^2}$×纵密)	
4	夹上平摇转数(前身) (即前身与袖尾对应转数)	夹上转数(前身)−与袖山高对应转数	
5	袖夹上转数	$\sqrt{夹阔^2-袖阔^2}$×纵密×修正系数	修正系数为90%~98%

3. 计算实例

款式:女装方领弯夹对膊短袖收腰套头衫。

用料:14.6tex×2(40英支/2),100%棉。

针型:12G,夹2支边。

尺码:M,领0支边。

组织:衣身、袖子采用平针,衫脚、袖口、领子采用圆筒(管状平针)。

成品密度:6.748 纵行/cm×4.626(转/cm)(17.14 纵行/英寸×11.75 转/英寸)。

下机密度(拉密):

2 根纱线(2 条毛),衣身采用平针,10 支拉 3.969cm($1\frac{4.5}{8}$英寸)。

2 根纱线(2 条毛),衫脚采用圆筒,10 支拉 3.175cm($1\frac{2}{8}$英寸)。

2 根纱线(2 条毛),领采用圆筒,10 支拉 3.175cm($1\frac{2}{8}$英寸)。

其成衣尺寸和工艺具体计算分别见表 1-11 和表 1-12,生产工艺单如图 1-6 所示。

表 1-11 成衣尺寸表

序号	部 位	尺 寸		序号	部 位	尺 寸	
		cm	英寸			cm	英寸
1	胸阔(夹下 2.54cm 量)	47.5	18.75	9	袖口高(圆筒)	1.6	0.625
2	衣长(从领边测量)	58.5	23	10	袖口阔	14	5.5
3	膊阔	38	15	11	前领深(测量方式为后线至前顶)	12.7	5
4	袖长	22	8.75	12	后领深(测量方式为水平至线)	0.635	0.25
5	夹阔	21	8.25	13	领阔(测量方式为线至线)	15.875	6.25
6	袖管阔	16.5	6.5	14	领高(圆筒)	0.95	0.375
7	衫脚阔(圆筒)	47.5	18.75	15	腰阔[膊下 38cm(15 英寸)量]	45	17.75
8	衫脚高(圆筒)	1.6	0.625				

表 1-12 女装方领弯夹对膊短袖收腰套头衫的计算过程

序号	后身部位	计 算 方 法	备 注
1	胸阔针数	47.5×6.748+4	取 324 针
2	膊阔针数	38×6.748×98%	取 252 针
3	夹收针次数	(324-252)/6	12 次
4	收夹转数	21×0.3×4.626	取 29 转,收针方法 2-3-5,3-3-7
5	领阔针数	15.875×6.748	取 104 针
6	后领底平位	领阔×1/2	52 针
7	单膊阔	(252-104)/2	74 针
8	衫长转数	(58.5-1.6)×4.626	取 262 转
9	夹上转数	(21-1.9+1.9)×4.626+2	取 99 转(包含 2 转缝耗),前 1.9 为斜向修正系数,后 1.9 为膊斜高度
10	夹上平摇转数	$99-\sqrt{21^2-16.5^2}×4.626$(取 59 转)$-$(1.9 膊斜×4.626=9)	31 转
11	夹下转数	262-99	163 转
12	后领深转数		(考虑工艺因素)不计

续表

序号	前身部位	计　算　方　法	备　　注
13	胸阔针数	$(47.5+1.8)\times6.748+4$	取 336 针
14	夹收针次数	比后身多 1~2 次或相等	取 14 次
15	收夹转数	29	收针方法 2-3-11,3-3-3
16	膊阔针数	252	252 针
17	领阔针数	104	104 针,测量方式为线至线
18	前领底平位		根据方领形状确定
19	前领深转数	$12.7\times4.626+2$	取 63 转(考虑工艺因素)
20	前领平位转数		根据方领形状确定
21	前领收针次数		根据方领形状打孔作记号眼,缝盘时裁剪缝制
22	衫长转数	$262+2$	264 转
23	夹下转数	=后身夹下转数	163 转
24	夹上转数	$99+2$	101 转(包含 2 转缝耗)
25	夹上平摇转数	$101-\sqrt{21^2-16.5^2}\times4.626(取59转)-9$	33 转
序号	袖片部位	计　算　方　法	备　　注
26	袖阔针数	$16.5\times2\times6.748+4$	取 226 针
27	袖口阔针数	$14.75\times2\times6.748+4$	取 202 针
28	袖山针数(袖尾剩针)	$\dfrac{31+33}{4.626}\times6.748$	取 98 针
29	袖长转数	$(22-1.6)\times4.626$	取 92 转
30	袖夹上转数	$\sqrt{21^2-16.5^2}\times4.626\times92\%$	取 55 转
31	袖夹收针次数	$(226-98)/4$	32 次,收针方法 3-2-5,2-2-12,2-3-8,1-2-3
32	袖夹下转数	$92-55$	37 转
33	袖夹下平位转数	$2.54(1英寸)\times4.626$	取 9 转
34	袖夹下加针次数	$(226-202)/2$	12 次
35	袖夹下加针转数	$37-9$	28 转,加针方法 2+1+8,3+1+4
序号	腰部位	计　算　方　法	备　　注
36	腰阔针数	$45\times6.748+4$	取 306 针
37	收针下平位	$2.54(1英寸)\times4.626$	取 12 转
38	收腰位置	$(58.5-1.6-38)\times4.626$	取 86 转(下摆高度为 1.6cm,测量位置尺寸为 38cm)
39	腰收针次数(后身)	$(324-306)/2$	9 次
40	腰平位转数	$3.81(1.5英寸)\times4.626$	取 17 转
41	腰收针转数	$(86-12-17)<取值<(86-12)$	取 60 转,收针方法 8-1-5,7-1-4
42	衣身夹下平位转数	$3.8(1.5英寸)\times4.626$	取 20 转
43	腰加针转数	$163-12-60-20-17$	54 转,加针方法 6+1+3,7+1+6

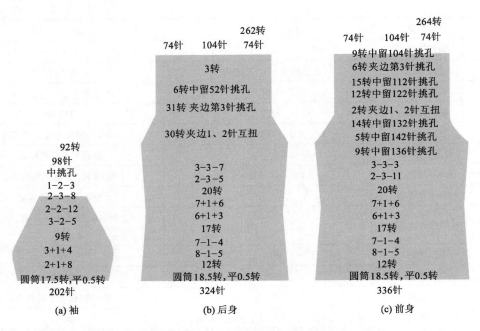

74针	104针	74针

262转

3转

6转中留52针挑孔

31转 夹边第3针挑孔

30转夹边1、2针互扭

3-3-7
2-3-5
20转
7+1+6
6+1+3
17转
7-1-4
8-1-5
12转
圆筒18.5转,平0.5转
324针

(b) 后身

74针	104针	74针

264转

9转中留104针挑孔
6转夹边第3针挑孔
15转中留112针挑孔
12转中留122针挑孔
2转夹边1、2针互扭
14转中留132针挑孔
5转中留142针挑孔
9转中留136针挑孔

3-3-3
2-3-11
20转
7+1+6
6+1+3
17转
7-1-4
8-1-5
12转
圆筒18.5转,平0.5转
336针

(c) 前身

92转
98针
中挑孔
1-2-3
2-3-8
2-2-12
3-2-5
9转
3+1+4
2+1+8
圆筒17.5转,平0.5转
202针

(a) 袖

图 1-6　女装方领弯夹对膊短袖收腰套头衫生产工艺单

四、弯夹西装膊羊毛衫的工艺计算

弯夹西装膊羊毛衫的款式图如图 1-7 所示。

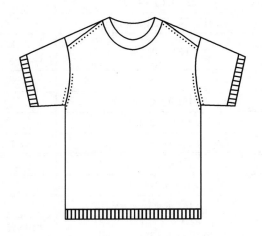

图 1-7　弯夹西装膊羊毛衫款式图(背面)

1. 计算顺序

后身——→前身——→袖片

2. 工艺计算方法　基本计算方法同弯夹对膊羊毛衫的计算方法,发生改变的计算部位如表 1-13 所示。

表 1 – 13 弯夹对膊羊毛衫的工艺计算方法

序号	部 位	计 算 方 法	备 注
1	夹上平摇转数（后身） （后身与袖尾对应转数）	0	
2	袖山针数（袖尾剩针）	$\dfrac{夹上平摇转数（前身）}{纵密}\times横密$	
3	后膊收针次数	（后身膊阔针数 – 后身领阔针数）/每次两 边收去针数	
4	后膊收针转数	2×膊斜×纵密＝7.62(3 英寸)×4.626	取 35 转，一般取值 6~8cm(2.5~3 英寸)
5	夹上转数（后身）	（夹阔 – 斜向修正值）×纵密＋$\dfrac{1}{2}$×后膊收针转数	
6	袖夹上转数	［夹上转数（后身）– 后膊收针转数］×修正系数	
7	夹上平摇转数（前身） （前身与袖尾对应转数）	夹上转数（前身）–［夹上转数（后身）– 后膊收针转数］	

3. 计算实例

款式:女装圆领弯夹西装膊短袖套头衫。

用料:14.6tex×2(40 英支/2),100% 棉。

针型:12G,挂肩、夹、膊 4 支边。

尺码:M,领 0 支边。

组织:衣身、袖子采用平针,衫脚、领子采用圆筒,袖口采用 1＋1 罗纹。

成品密度:6.748 纵行/cm×4.626 转/cm(17.14 纵行/英寸×11.75 转/英寸)。

下机密度(拉密):

2 根纱线(2 条毛),衣身采用平针,10 支拉 3.81cm($1\dfrac{4}{8}$英寸)。

2 根纱线(2 条毛),衫脚采用圆筒,10 支拉 3.175cm($1\dfrac{2}{8}$英寸)。

2 根纱线(2 条毛),领采用圆筒,10 支拉 3.175cm($1\dfrac{2}{8}$英寸)。

其成衣尺寸和工艺具体计算分别见表 1 – 14 和表 1 – 15,生产工艺单如图 1 – 8 所示。

表 1 – 14 成衣尺寸表

序号	部 位	cm	英寸	序号	部 位	cm	英寸
1	胸阔(夹下 2.54cm 量)	48.26	19	9	袖口高(圆筒)	1.3	0.5
2	衫长(领边测量)	59.7	23.5	10	袖口阔	12.7	5
3	膊阔 A	38	15	11	前领深(测量方式为后线至前顶)	7.6	3
4	袖长	25.4	10	12	后领深(测量方式为水平至线)	1.3	0.5
5	夹阔	21.6	8.5	13	领阔(测量方式为线至线)	18.4	7.25
6	袖管阔	16.5	6.5	14	领高(圆筒)	0.952	0.375
7	衫脚阔(圆筒)	48.26	19	15	膊阔 B(后身肩点之间的距离)	34.3	13.5
8	衫脚高(圆筒)	1.9	0.75	16	膊斜	3.8	1.5

注 膊阔 A 为西装膊产品肩线之间的距离,膊阔 B 为后身肩点之间的距离。

表 1－15　女装圆领弯夹西装膊短袖套头衫的计算过程

序号	后身部位	计 算 方 法	备 注
1	胸阔针数	$48.26 \times 6.748 + 4$	取 328 针
2	膊阔	$38 \times 6.748 \times 98\%$	取 250 针
3	夹收针次数	$(328 - 250)/6$	13 次
4	收夹转数	7.6×4.626	取 37 转,收针方法 2－3－6,3－3－3, 3－2－6
5	领阔针数	18.4×6.748	取 122 针
6	后领底平位	$122 \times 5/8$	取 76 针
7	衫长转数	$(59.69 - 1.9) \times 4.626 + 2$	取 268 转
8	夹上转数	$(21.6 - 1.9) \times 4.626 + 1/2 \times 7.62 \times 4.626$	取 109 转(包含 2 转缝耗,1.9 为斜向修正系数)
9	夹上平摇转数	0	0
10	夹下转数	$268 - 109$	159 转
11	后领深转数	1.3×4.626	取 6 转
序号	前身部位	计 算 方 法	备 注
12	胸阔针数	$(48.3 + 1.3) \times 6.748 + 4$	取 338 针
13	夹收针次数	比后身多 1~2 次或相等	取 13 次
14	膊阔针数	$338 - 13 \times 6$	260 针
15	单膊阔	$(260 - 122)/2$	69 针
16	收夹转数	37	收针方法 2－3－6,3－3－3,3－2－6
17	领阔针数	122	122 针,测量方式为线至线
18	前领底平位	122×0.36	取 44 针
19	前领深转数	$(7.6 + 2.5) \times 4.626 + 2$	取 46 转(2.5 为考虑工艺因素所取值)
20	前领平位转数	2.5×4.626	取 12 转
21	前领收针次数	$(122 - 44)/6$	13 次
22	衫长转数	$268 + 2$	270 转
23	夹下转数	＝后身夹下转数	159 转
24	夹上转数	$109 + 2$	111 转(包含 2 转缝耗)
25	夹上平摇转数	$111 - (109 - 35)$	37 转
序号	袖片部位	计 算 方 法	备 注
26	袖阔针数	$16.5 \times 2 \times 6.748 + 4$	取 230 针
27	袖口阔针数	$(12.7 + 2.5) \times 2 \times 6.748 + 4$	取 210 针(2.5 为袖口尺寸修正值)
28	袖山针数(袖尾剩针)	$\dfrac{37}{4.626} \times 6.748$	取 56 针
29	袖长转数	$(25.4 - 1.3) \times 4.626$	取 107 转

续表

序号	袖片部位	计 算 方 法	备 注
30	袖夹上转数	$(107-35)\times0.96=72\times0.96$	取69转（2转作为缝耗）
31	袖夹收针次数	$(230-56)/6$	29次，收针方法3-3-15，2-3-12，1-2-3
32	袖夹下转数	$107-71$	36转
33	袖夹下平位转数	2.5×4.626	取9转
34	袖夹加针次数	$(230-210)/2$	10次
35	袖夹下加针转数	$36-9$	27转，加针方法2+1+3,3+1+7
36	后膊收针次数	$(250-122)/4$	32次
37	后膊收针转数	7.62×4.626	取35转

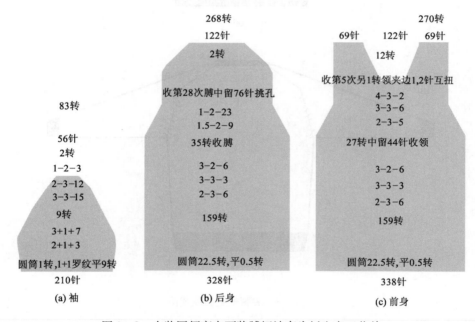

图1-8　女装圆领弯夹西装膊短袖套头衫生产工艺单

第二节　插肩袖类产品工艺设计

　　插肩袖产品在羊毛衫产品中占有较大比重，插肩袖产品膊和夹在一起，按膊型分主要有两种款式：尖膊和马鞍膊；按夹型分，主要有两种款式：尖夹和马鞍夹。尖膊是指插肩袖（前片无平位）、斜肩，马鞍膊指插肩袖（前片有平位）马鞍肩；与此同时，挂肩也分为相应的两种，即斜肩挂肩（尖夹）与马鞍形挂肩（马鞍夹）。下面对这几种款式的生产工艺计算分类介绍并举例。

一、尖膊羊毛衫的工艺计算

尖膊羊毛衫的前、后款式图如图 1-9 所示。

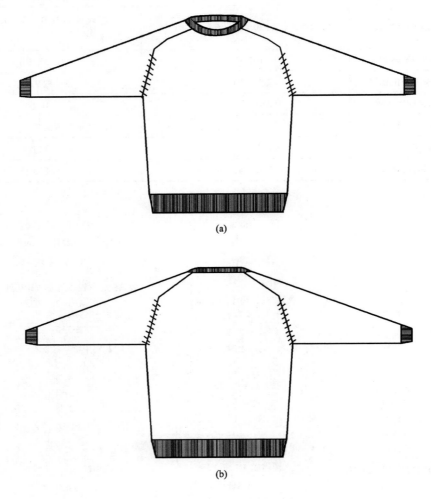

(a)

(b)

图 1-9　尖膊羊毛衫款式图

1. 计算顺序

后身──→前身──→袖片

2. 工艺计算方法　基本计算方法如表 1-16 所示。

表 1-16　尖膊羊毛衫的工艺计算方法

序号	后身部位	计 算 方 法	备　　注
1	胸阔针数	（胸阔 - 摆缝折向）×横密 + 缝耗针数	摆缝折向可为 0~1cm
2	领阔针数	（领阔 - a_1×2）×横密	a_1 为袖领弧线在后领阔方向的尺寸（测量方式为线至线）

序号	后身部位	计 算 方 法	备 注
3	夹收针次数	（胸阔－领阔）/每次两边收去针数	收针方法一般先慢后快
4	夹上转数（收夹转数）	$\sqrt{(夹阔-b)^2-\left\{\dfrac{1}{2}\left[胸阔-(领阔-a_1\times2)\right]\right\}^2}$	b 为测量挂肩（夹阔）与实际挂肩（夹阔）差异；挂肩收针（收夹）高度根据勾股定理求得
5	衫长转数	（衫长－衫脚高－c_1）×纵密＋缝耗转数	c_1 为袖领弧线在后片高度（领边测量）
6	夹下转数	衫长转数－夹上转数	
序号	前身部位	计 算 方 法	备 注
7	胸阔针数	（胸阔＋摆缝折向）×横密＋缝耗	摆缝折向可为 0～1cm
8	领阔针数	（领阔－a_2×2）×横密	a_2 为袖领弧线在后领阔方向的尺寸（测量方式为线至线），一般等于后领阔或少几针
9	夹收针次数	（胸阔－领阔）/每次两边收去针数	收针方法一般先慢后快
10	衫长转数	（衫长－衫脚高－c_2）×纵密＋缝耗转数	c_2 为袖领弧线在前片高度（一般前衫长转数比后衫长转数少 1～1.5cm 左右转数）
11	夹下转数	＝后身夹下转数	
12	夹上转数（收夹转数）	衫长转数－夹下转数	
序号	袖片部位	计 算 方 法	备 注
13	袖阔针数	袖阔×2×横密×修正系数＋缝耗	修正系数 101%～105% 也可据情况忽略此系数
14	袖口阔针数	袖口阔×2×横密×修正系数＋缝耗	袖口阔若袖口为罗纹，测量方式为袖口横量，需做修正，在 11～13cm 内取值
15	袖山针数（袖尾剩针）	c×横密	c 为袖领弧线长度
16	袖长转数	（袖长－领阔/2－袖口长）×纵密×修正系数＋缝耗转数	袖口长又称袖口罗纹高度，修正系数为 92%～98%，也可据情况忽略此系数（插肩袖测量方式通常为后领中至袖口）
17	袖夹上转数	夹上转数（后身）×修正系数	修正系数 0.9～1 间取值
18	袖夹收针次数	（袖阔针数－袖山针数）/每次两边收去针数	收针方法一般先快后慢
19	袖夹下转数	＝袖长转数－袖夹上转数	
20	袖夹下平位转数	袖夹下平位×纵密	袖夹下平位要 1 英寸以上，一般 3～6cm
21	袖夹加针次数	（袖阔针数－袖口阔针数）/每次两边加针数2	
22	袖夹下加针转数	袖夹下转数－袖夹下平位转数	

3．计算实例

款式：女装樽领尖膞长袖套头衫。

用料：29.2tex×2(20 英支/2)，100% 棉。

针型：5G，夹、膞 2 支边。

尺码：M，领 0 支边。

组织：全件采用 2+2 罗纹。

成品密度：3.5 纵行/cm×2.1 转/cm(8.89 纵行/英寸×5.33 转/英寸)。

下机密度(拉密)：

2 根纱线(2 条毛)，衣身采用 2+2 罗纹，3 坑拉 8.255cm(3$\frac{2}{8}$英寸)。

2 根纱线(2 条毛)，衫脚采用 2+2 罗纹，3 坑拉 7.62cm(3 英寸)。

2 根纱线(2 条毛)，领采用 2+2 罗纹，3 坑拉 7.62cm(3 英寸)。

其成衣尺寸和工艺具体计算分别见表 1-17 和表 1-18，生产工艺单如图 1-10 所示。

表 1-17　成衣尺寸表

序号	部　位	尺寸(cm)	序号	部　位	尺寸(cm)
1	胸阔(夹下 2.54cm 量)	40	9	袖口高(圆筒)	3
2	衫长(领边测量)	57.5	10	袖口阔	9.5
3	膞阔		11	前领深(测量方式为水平至线)	6
4	袖长(后中测量)	74	12	后领深(测量方式为水平至线)	2.5
5	夹阔	23.5	13	领阔(测量方式为线至线)	20
6	袖管阔	13	14	领高	17.5
7	衫脚阔	40	15	袖领弧线走后	3.5
8	衫脚高	2.5	16	袖领弧线走前	5

表 1-18　女装樽领尖膞长袖套头衫的计算过程

序号	后身部位	计 算 方 法	备　注
1	胸阔针数	40×3.5+2	取 142 针
2	领阔针数	(20-3.5×2)×3.5	取 46 针
3	夹收针次数	(142-46)/6	16 次
4	夹上转数(收夹转数)	$\sqrt{(23.5-1.5)^2-\left[\frac{1}{2}(40-13)\right]^2}×2.1$	取 36 转，收针方法 3-3-5，2-3-11
5	衫长转数	(57.5-2.5-3.5)×2.1+2	取 110 转
6	夹下转数	110-36	74 转
序号	前身部位	计 算 方 法	备　注
7	胸阔针数	40×3.5+2	取 142 针
8	领阔针数	46-6	取 40 针

续表

序号	前身部位	计 算 方 法	备 注
9	夹收针次数	(142－40)/6	17次
10	衫长转数	(57.5－2.5－5)×2.1＋2	取108转
11	夹下转数	＝后身夹下转数	74转
12	夹上转数（收夹转数）	108－74	34转,收针方法2－3－17

序号	袖片部位	计 算 方 法	备 注
13	袖阔针数	13×2×3.5×1.05＋2	取100针
14	袖口阔针数	9.5×2×3.5×1.05＋2	取70针
15	袖山针数（袖尾剩针）	8.5×3.5	取28针
16	袖长转数	(74－20/2－3)×2.1＋2	取132转
17	袖夹上转数	≈夹上转数（后身）	取34转(含2转缝耗)
18	袖夹收针次数	(100－28)/6	12次,收针方法2－3－2,3－3－10
19	袖夹下转数	＝132－34	98转
20	袖夹下平位转数	3×2.1	取6转
21	袖夹下加针次数	(100－70)/每次两边加针数2	15次
22	袖夹下加针转数	98－6	92转,加针方法5＋1＋3,6＋1＋7, 7＋1＋5

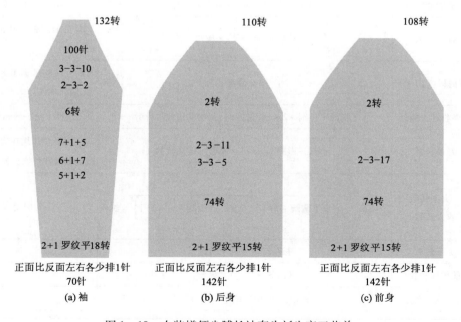

图1－10 女装樽领尖膊长袖套头衫生产工艺单

二、马鞍膊羊毛衫的工艺计算

马鞍膊羊毛衫前后款式图如图 1－11 所示。

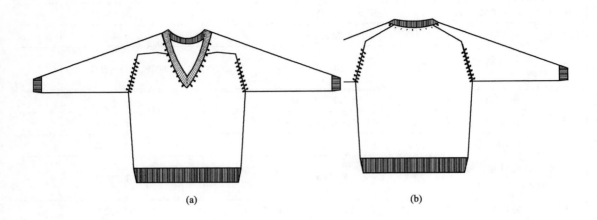

(a)   (b)

图 1－11　马鞍膊羊毛衫款式图

1.计算顺序

前身——→后身——→袖片

2.工艺计算方法　基本计算方法如表 1－19 所示。

表 1－19　马鞍膊羊毛衫的工艺计算方法

序号	前身部位	计 算 方 法	备 注
1	胸阔针数	（胸阔＋摆缝折向）×横密＋缝耗	摆缝折向可为 0～1cm
2	领阔针数	（领阔－a_2×2）×横密	a_2 为袖领弧线在前领阔方向的尺寸
3	肩部排针（担干）	b×横密	b 为马鞍膊肩部平位常取尺寸,据款式设计而定
4	夹收针次数	（胸阔－领阔－2×肩部排针）/每次两边收去针数	收针方法一般先快后慢
5	衫长转数	（衫长－衫脚高－c_2）×纵密＋缝耗转数	c_2 为袖领弧线在前片高度（一般前衫长转数比后衫长转数少）
6	夹上转数（收夹转数）	$\sqrt{夹阔^2 - \left\{ \dfrac{1}{2}\left[胸阔 - 担干尺寸×2 - (领阔 - a_2×2) \right] \right\}^2} ×纵密$	勾股定理
7	夹下转数	衫长转数－夹上转数	
8	前领深转数	（前领深－c_2）×纵密	
9	前领收针次数	领阔针数/每次两边收去针数	

续表

序号	后身部位	计 算 方 法	备 注
10	胸阔针数	（胸阔－摆缝折向）×横密＋缝耗针数	摆缝折向可为 $0 \sim 1 \text{cm}$
11	领阔针数	（领阔－a_1×2）×横密	a_1 为袖领弧线在后领阔方向的尺寸
12	夹收针次数	［胸阔－（2×肩部排针－X）－领阔］/每次两边收去针数	
13	夹下转数	＝前身夹下转数	
14	衫长转数	（衫长－衫脚高－c_1）×纵密＋缝耗转数	c_1 为袖领弧线在后片高度
15	后膊收针转数	$\dfrac{肩部排针}{横密}$×纵密×Y	Y 为收肩线倾斜角正弦，一般取 0.727 左右
16	夹上转数（收夹转数）	衫长转数－夹下转数－平位转数－后膊收针转数	
17	后膊收针次数	（肩部排针－X）/每次收去针数	与夹收针次数计算中的 X 取值相同
序号	袖片部位	计 算 方 法	备 注
18	袖阔针数	袖阔×2×横密×修正系数＋缝耗	修正系数 $101\% \sim 105\%$ 左右，也可据情况忽略此系数
19	袖口阔针数	袖口阔×2×横密×修正系数＋缝耗	袖口阔若袖口为罗纹，测量方式为袖口横量，需做修正，在 $11 \sim 13 \text{cm}$ 内取值
20	袖山针数	c_2×2×横密	
21	袖尾针数	c×横密	c 为袖领弧线长度，$c = c_1 + c_2$
22	袖长转数	（袖长－领阔/2－袖口长）×纵密×修正系数＋缝耗转数	袖口长又称袖口罗纹高度，修正系数为 $92\% \sim 98\%$，也可据情况忽略此系数（插肩袖测量方式通常为后领中至袖口）
23	袖夹上转数	≈夹上收针转数（后身）＋平位转数	
24	袖夹收针次数	（袖阔针数－c_2×2）/每次两边收去针数	收针方法一般先慢后快
25	袖尾收针次数	（袖山针数－袖尾针数）×横密/每次两边收去针数	一般取整数
26	袖尾收针转数	$\dfrac{肩部排针－X}{横密}$×纵密	
27	袖夹下转数	＝袖长转数－袖夹上收针转数－袖尾收针转数	
28	袖夹下平位转数	袖夹下平位×纵密	袖夹下平位一般 $3 \sim 6 \text{cm}$（1英寸以上）
29	袖夹加针次数	（袖阔针数－袖口阔针数）/每次两边加针数2	
30	袖夹下加针转数	袖夹下转数－袖夹下平位转数	加针方法一般先快后慢

注　担干书面语是前片有平位插肩袖的平位。

3. 计算实例

款式:男装 V 领马鞍膊长袖套头衫。

用料:24.6tex×2(24 英支/2),70%腈纶,30%羊毛。

针型:7G,夹、膊 2 支边。

尺码:M,领 0 支边。

组织:全件采用 2+2 罗纹。

成品密度:4.2 纵行/cm×2.8 转/cm(10.7 纵行/英寸×7.1 转/cm)。

下机密度(拉密):

3 根纱线(3 条毛),衣身采用 2+2 罗纹,5 坑拉 9.842cm($3\frac{7}{8}$英寸)。

3 根纱线(3 条毛),衫脚采用 2+2 罗纹,3 坑拉 9.207cm($3\frac{5}{8}$英寸)。

3 根纱线(3 条毛),领采用 2+2 罗纹,3 坑拉 9.207cm($3\frac{5}{8}$英寸)。

其成衣尺寸和工艺具体计算分别见表 1-20 和表 1-21,生产工艺单如图 1-12 所示。

表 1-20 成衣尺寸表

序号	部 位	尺寸(cm)	序号	部 位	尺寸(cm)
1	胸阔(夹下 2.5cm 量)	48	9	袖口高(圆筒)	6.5
2	衫长(领边测量)	61.5	10	袖口阔	9
3	膊阔		11	前领深(测量方式为水平至线)	12.5
4	袖长(后中测量)	80	12	后领深(测量方式为水平至线)	2
5	夹阔	18	13	领阔(测量方式为线至线)	15.5
6	袖管阔	18	14	领高	3
7	衫脚阔	41.5	15	袖领弧线走后	1.5
8	衫脚高	6	16	袖领弧线走前	5.5

表 1-21 男装 V 领马鞍膊长袖套头衫的计算过程

序号	前身部位	计 算 方 法	备 注
1	胸阔针数	(48+1)×4.2	取 206 针
2	领阔针数	(15.5-1.5×2)×4.2	取 54 针
3	肩部排针(担干)	10×4.2	取 40 针[肩部排针取 10cm(4 英寸)左右或根据设计而定]
4	夹收针次数	(206-54-2×40)/6	12 次
5	衫长转数	(61.5-6-5.5)×2.8+2	取 140 转
6	夹上转数(收夹转数)	$\sqrt{18^2-\left\{\frac{1}{2}[49-10\times2-(15.5-1.5\times2)]\right\}^2}\times$ $2.8+2$	取 48 转,其中收针转数根据款式纸样取 40 转,收针方法 3-3-5,4-3-7

续表

序号	前身部位	计 算 方 法	备 注
7	夹下转数	$140-48$	92 转
8	前领深转数	$(12.5-5.5)\times2.8+4$	取 24 转
9	前领收针次数	$54/6$	9 次,收针方法 $2-3-9$

序号	后身部位	计 算 方 法	备 注
10	胸阔针数	$(48-1)\times4.2$	取 196 针
11	领阔针数	$(15.5-1\times2)\times4.2$	取 58 针
12	夹收针次数	$(196-2\times40+4-54)/6$	11 次,收针方法 $3-3-7,4-3-4$
13	夹下转数	夹下转数(前身)	92 转
14	衫长转数	$(61.5-6-1.5)\times2.8+2$	取 155 转
15	后膊收针转数	$\dfrac{40}{4.2}\times2.8\times0.727$	取 22 转
16	夹上转数(收夹转数)	$155-92-22-2.54\times2.8$	34 转
17	后膊收针次数	$(40-4)/3$	12 次

序号	袖片部位	计 算 方 法	备 注
18	袖阔针数	$18\times2\times4.2+4$	取 156 针
19	袖口阔针数	$9\times2\times4.2+4$	取 80 针
20	袖山针数	$5.5\times2\times4.2$	取 48 针
21	袖尾针数	$(5.5+1.5)\times4.2$	取 30 针
22	袖长转数	$(80-15.5/2-6.5)\times2.8\times0.95+$缝耗转数$(2)$	取 174 转
23	袖夹上转数	$\approx34+7$	41 转
24	袖夹收针次数	$(156-48)/6$	18 次,收针方法 $3-3-8,2-3-10$
25	袖尾收针次数	$(48-30)/3$	6 次
26	袖尾收针转数	$\dfrac{40-4}{4.2}\times2.8$	取 22 转
27	袖夹下转数	$=174-41-22$	111 转
28	袖夹下平位转数	3×2.8	取 10 转
29	袖夹加针次数	$(156-80)/2$	38 次
30	袖夹下加针转数	$111-10$	101 转,加针方法 $2+1+13,3+1+25$

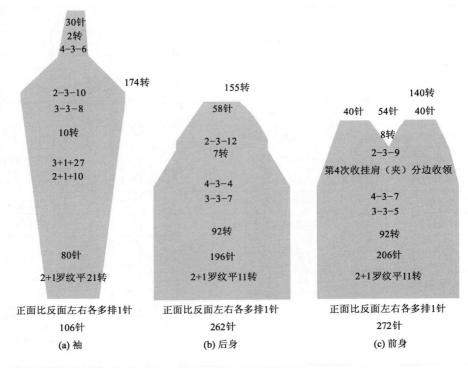

图 1－12　女装 V 领马鞍膊长袖套头衫生产工艺单

第二章　羊毛衫放码和用料计算

第一节　羊毛衫放码

工业样板是羊毛衫成衣生产的一个重要技术环节,是成衣生产的依据,工业样板对于羊毛衫来讲是一套成衣系列规格的工艺计算(下数),其制作准确与否直接影响到羊毛衫的质量。

一、放码尺寸设定

以羊毛衫工艺计算的中码(标准码)为基准,按系列规格的要求进行科学计算缩放,制作出系列样板,这种制作方法和过程称为放码。非成形针织服装是以打样、裁剪、缝制为主要生产过程,其放码方法有点放码、线放码等方法。羊毛衫放码虽然与非成形针织服装放码的基本原理相同,但由于羊毛衫生产工艺计算是以羊毛衫的成品规格为基础,通过计算公式确定各部位的针数、转数以及收放针方法等,因此,其放码不同于非成形针织服装的放码方法,仍是以羊毛衫各码的成品规格为基础,通过计算公式确定各部位的针数、转数差异以及收放针方法等。

羊毛衫放码尺寸可以参考各标准或者客户提供尺寸来确定,其主要依据是产品销售地区群众的体型差异,或根据该区域调查的统计数字而制定的地区标准,对于很多来单加工企业,通常根据客户提供的规格来确定。

二、放码计算方法

服装缩放是在标准板的基础上,按照号型系列的分档数值计算各个部位的档差,并以此为依据进行服装样板缩放,可以用计算公式计算规格档差,也可以按长度、宽度在缩放分档数值中所占的百分比进行缩放,制作出整套服装样板系列。

放码计算方法与羊毛衫基码的计算过程相同,由于在基码的基础上计算,过程相对简化,下面以几个不同款式的羊毛衫放码为例,叙述羊毛衫的放码基本方法。

1. 实例一

款式:女装方领弯夹对膊短袖收腰套头衫。

用料:14.6tex×2(40英支/2),100%棉。

针型:12G,夹2支边。

尺码:M,领0支边。

组织:衣身、袖子采用平针,衫脚、袖口、领子采用圆筒。

成品密度:6.748 纵行/cm×4.626 转/cm(17.14 纵行/英寸×11.75 转/英寸)。

下机密度(拉密):

2 根纱线(2 条毛),衣身采用平针,10 支拉 3.967cm($1\frac{4.5}{8}$英寸)。

2 根纱线(2 条毛),衫脚采用圆筒,10 支拉 3.175cm($1\frac{2}{8}$英寸)。

2 根纱线(2 条毛),领采用圆筒,10 支拉 3.175cm($1\frac{2}{8}$英寸)。

其成衣尺寸和工艺具体计算分别见表 2-1 和表 2-2,女装方领弯夹对膊短袖收腰套头衫 S/M/L 码生产工艺单如图 2-1 所示。

表 2-1　成衣规格尺寸表

序号	部 位	规　格						序号	部 位	规　格					
		S		M		L				S		M		L	
		cm	英寸	cm	英寸	cm	英寸			cm	英寸	cm	英寸	cm	英寸
1	胸阔(夹下2.54cm 量)	45.085	17.75	47.625	18.75	50.165	19.75	9	袖口高(为圆筒)			1.587	0.625		
2	衫长(从领边测量)	55.88	22	58.42	23	60.96	24	10	袖口阔			13.97	5.5		
3	膊阔	36.56	14	38.1	15	40.64	16	11	前领深(测量方式为后线至前顶)			12.7	5		
4	袖长	20.955	8.25	22.225	8.75	23.495	9.25	12	后领深(测量方式为水平至线)			0.635	0.25		
5	夹阔	19.685	7.75	20.955	8.25	22.225	8.75	13	领阔(测量方式为线至线)	14.605	5.75	15.875	6.25	17.145	6.75
6	袖管阔	15.24	6	16.51	6.5	17.78	7	14	领高(为圆筒)			0.952	0.375		
7	衫脚阔(为圆筒)	45.085	17.75	47.625	18.75	50.165	19.75	15	腰阔[膊下 38cm(15英寸)测量]	42.545	16.75	45.085	17.75	47.625	18.75
8	衫脚高(为圆筒)			1.587	0.625										

表 2-2　女装方领弯夹对膊短袖收腰套头衫的放码计算过程

序号	后身部位档差	计 算 方 法	备　注
1	胸阔针数	胸阔档差 2.54×6.748	取 16 针
2	膊阔针数	膊阔档差 2.54×6.748	取 16 针
3	夹收针次数	(胸阔-膊阔)/6　(胸阔档差=膊阔档差)	12 次(不变)

序号	后身部位档差	计 算 方 法	备 注
4	收夹转数	6.35(2.5 英寸)×4.626　（胸阔档差＝膊阔档差）	取 29 转, 收针方法 2－3－5, 3－3－7（不变）
5	领阔针数	领阔档差 1.27×6.748	取 8 针
6	后领底平位	领阔×1/2＝1/2 领阔档差	4 针
7	单膊阔	(252－104)/2＝(膊阔档差－领阔档差)/2	4 针
8	衫长转数	衫长档差 2.54×4.626	取 12 转
9	夹上转数	夹阔档差 1.27×4.626	取 6 转
10	夹中扭位前平摇转数	夹阔档差 1.27×4.626	取 6 转
11	夹下转数	衫长档差－夹阔档差	6 转
12	后领深转数	＝后领深档差 0	0
序号	前身部位档差	计 算 方 法	备 注
13	胸阔针数	胸阔档差(2.54)×6.748	取 16 针
14	夹收针次数	比后身多 1～2 次或相等(胸阔档差＝膊阔档差)	取 14 次(不变)
15	收夹转数	0(胸阔档差＝膊阔档差)	收针方法 2－3－11, 3－3－3(不变)
16	膊阔针数	膊阔档差 2.54×6.748	取 16 针
17	领阔针数	领阔档差 1.27×6.748	取 8 针
18	前领打孔位	领阔档差	取 8 针
19	前领深转数	前领深档差 0	0
20	前领平位转数	前领深档差 0	0
21	前领收针次数	前领深档差 0	0, 根据方领形状和领阔档差打孔作记号眼, 缝盘时裁剪缝制
22	衫长转数	衫长档差 2.54×4.626	取 12 转
23	夹下转数	＝后身夹下转数档差	6 转
24	夹上转数	＝后身夹上转数档差	6 转
25	夹中平摇转数	＝后身夹上转数档差	6 转
序号	袖片部位档差	计 算 方 法	备 注
26	袖阔针数	袖阔档差 1.27×2×6.748	取 16 针
27	袖口阔针数	袖口阔档差 0×2×6.748	0
28	袖山针数（袖尾剩针）	前后身夹中扭位与孔位间平摇转数档差 0÷4.626×6.748	0
29	袖长转数	袖长转数档差 1.27×4.626	取 6 转
30	袖夹上转数	＝后身夹上转数档差	6 转
31	袖夹收针次数	袖阔档差/4＝16/4	4 次, 收针方法根据转数档差 6 和次数档差 4 确定

续表

序号	袖片部位档差	计 算 方 法	备 注
32	袖夹下转数	袖长档差 − 袖夹上转数档差 =0	0
33	袖夹下平位转数	0	0
34	袖夹下加针次数	(袖阔档差 − 袖口阔档差)/2	8 次
35	袖夹下加针转数	袖长档差 − 袖夹上转数档差 =0	0 转,加针方法根据袖加针次数档差 8 次确定
序号	收腰部位档差	计 算 方 法	备 注
36	腰阔针数	腰阔档差 2.54 × 6.748	取 16 针
37	收针下平位	0	0 转
38	收腰位置	(衫长转数档差 2.54 − 衫脚高档差转数 0 − 腰阔测量位置档差 0)×4.626	12 转
39	腰收针次数(后身)	(胸阔档差 1 − 腰阔档差 1)×6.748/2	0 次
40	腰平位转数	0	0 转(可根据收针加针情况微调便于收放针工艺制定)
41	腰收针转数	收腰位置档差 12 − 腰平位转数档差 0 − 收针下平位转数档差 0	12 转,收针方法根据转数档差 12 和次数档差 0 确定
42	衣身夹下平位转数	0	0 转
43	腰加针转数	夹下转数档差 6 − 收腰位置档差 12 − 衣身夹下平位转数档差 0	−6 转,加针方法根据转数档差 −6 和次数档差 0 确定

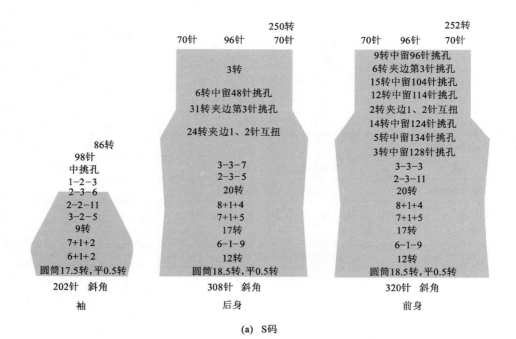

(a) S码

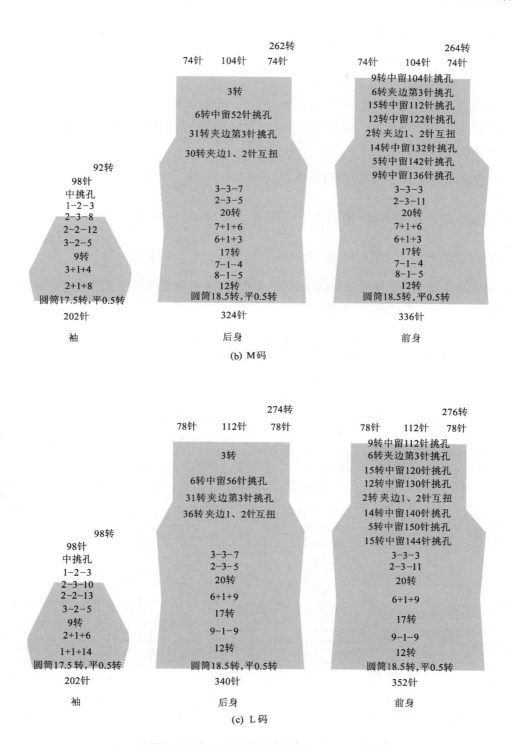

图2-1　女装方领弯夹对膊短袖收腰套头衫S/M/L码生产工艺单

2. 实例二

款式:女装圆领弯夹西装膊短袖套头衫。

用料:14.6tex×2(40 英支/2),100% 棉。

针型:12G,夹、膊 4 支边。

尺码:M,领 0 支边。

组织:衣身、袖子采用平针(单边),衫脚、领子采用圆筒,袖口采用 1+1 罗纹。

成品密度:6.748 纵行/cm×4.626 转/cm(17.14 纵行/英寸×11.75 转/英寸)。

下机密度(拉密):

2 根纱线(2 条毛),衣身采用平针,10 纵行拉 3.81cm($1\frac{4}{8}$英寸)。

2 根纱线(2 条毛),衫脚采用圆筒,10 纵行拉 3.175cm($1\frac{2}{8}$英寸)。

2 根纱线(2 条毛),领采用圆筒,10 纵行拉 3.175cm($1\frac{2}{8}$英寸)。

其成衣尺寸和工艺具体计算分别见表 2-3 和表 2-4,女装圆领弯夹西装膊短袖套头衫 S/M/L/XL 码生产工艺单如图 2-2 所示。

表 2-3 成衣规格尺寸表

序号	部　位	规　格							
		S		M		L		XL	
		cm	英寸	cm	英寸	cm	英寸	cm	英寸
1	胸阔(夹下 2.54cm 测量)	45.72	18	48.26	19	50.8	20	53.34	21
2	衫长(领边测量)	57.15	22.5	59.69	23.5	62.23	24.5	64.77	25.5
3	膊阔 A	35.56	14	38.1	15	40.64	16	43.18	17
4	袖长	24.13	9.5	25.4	10	26.67	10.5	27.94	11
5	夹阔	20.32	8	21.59	8.5	22.86	9	24.13	9.5
6	袖管阔	15.24	6	16.51	6.5	17.78	7	19.05	7.5
7	衫脚阔	45.72	18	48.26	19	50.8	20	53.34	21
8	衫脚高	1.905	0.75						
9	袖口高(为圆筒)	1.27	0.5						
10	袖口阔	12.7	5						
11	前领深(测量方式为后线至前顶)	7.62	3						
12	后领深(测量方式为水平至线)	1.27	0.5						
13	领阔(测量方式为线至线)	17.145	6.75	18.415	7.25	19.685	7.75	20.955	8.25
14	领高(为圆筒)	0.952	0.375						
15	膊阔 B	31.75	12.5	34.29	13.5	36.83	14.5	39.37	15.5
16	膊斜	3.81	1.5						

表 2-4 女装圆领弯夹西装膊短袖套头衫的计算过程

序号	后身部位档差	计　算　方　法	备　注
1	胸阔针数	胸阔档差 2.54×6.748	取 16 针
2	膊阔针数	膊阔档差 2.54×6.748	取 16 针

续表

序号	后身部位档差	计 算 方 法	备 注
3	夹收针次数	（胸阔档差1－膊阔档差1）/6	0
4	收夹转数	7.62（3英寸）×4.626（胸阔档差＝膊阔档差）	取37转,收针方法2－3－6,3－3－3,3－2－6（不变）
5	领阔针数	领阔档差1.27×6.748	取8针
6	后领底平位	＝领阔档差/2	取8针
7	衫长转数	衫长档差2.54×4.626	取12转
8	夹上转数	夹阔档差1.27×4.626	取6转
9	夹中平摇转数	夹阔档差1.27×4.626	6转
10	夹下转数	衫长档差－夹上转数档差	6转
11	后领深转数	0	0
12	后膊收针次数	（膊阔档差－领阔档差）/4	2次
13	后膊收针转数	0	0
序号	前身部位档差	计 算 方 法	备 注
14	胸阔针数	胸阔档差2.54×6.748	取16针
15	夹收针次数	比后身多1~2次或相等（胸阔档差＝膊阔档差）	取13次（不变）
16	膊阔针数	膊阔档差2.54×6.748	取16针
17	单膊阔	（膊阔档差－领阔档差）/2	取4针
18	收夹转数	37（胸阔档差＝膊阔档差）	收针方法2－3－6,3－3－3,3－2－6（不变）
19	领阔针数	＝领阔档差	取8针
20	前领底平位	领阔档差8×0.34	取2针（忽略）取0
21	前领深转数	前领深档差0×4.626	0
22	前领平位转数	0	0
23	前领收针针数	领阔档差	8针
24	衫长转数	衫长档差2.54×4.626	取12转
25	夹下转数	＝后身夹下转数档差	6转
26	夹上转数	＝后身夹上转数档差	6转
27	夹中平摇转数	＝后身夹上转数档差	6转
序号	袖片部位档差	计 算 方 法	备 注
28	袖阔针数	袖阔档差1.27×2×6.748	取16针
29	袖口阔针数	袖口阔档差0×2×6.748	0
30	袖山针数（袖尾剩针）	前后身平摇转数档差0÷4.626×6.748	0
31	袖长转数	袖长档差1.27×4.626	取6转
32	袖夹上转数	＝后身夹上转数档差	6转
33	袖夹收针针数	袖阔档差	16针,收针方法根据转数档差6转和针数16针确定,可根据袖形和误差允许范围微调

续表

序号	袖片部位档差	计 算 方 法	备 注
34	袖夹下转数	衫长档差 − 袖夹上转数档差	0
35	袖夹下平位转数	0	0(可根据加针情况微调)
36	袖夹加针次数	(袖阔档差 − 袖口阔档差)/2	8 次
37	袖夹下加针转数	0	0,加针方法根据次数 8 次和转数 0 确定,可根据袖形和误差允许范围微调

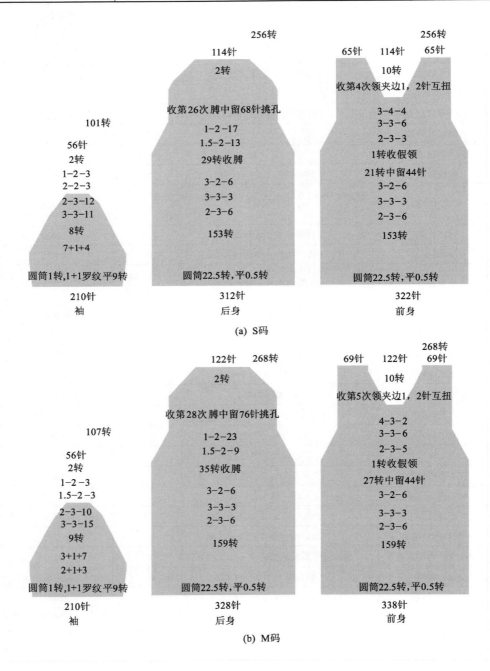

(a) S码

(b) M码

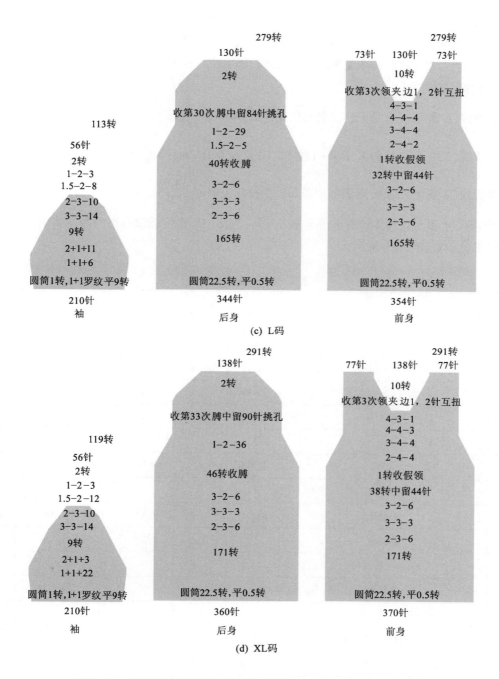

（c）L码

袖部（113转）：
113转
56针
2转
1−2−3
1.5−2−8
2−3−10
3−3−14
9转
2+1+11
1+1+6
圆筒1转，1+1罗纹平9转
210针
袖

后身（279转）：
279转
130针
2转
收第30次膊中留84针挑孔
1−2−29
1.5−2−5
40转收膊
3−2−6
3−3−3
2−3−6
165转
圆筒22.5转，平0.5转
344针
后身

前身：
279转
73针　130针　73针
10转
收第3次领夹边1，2针互扭
4−3−1
4−4−4
3−4−4
2−4−2
1转收假领
32转中留44针
3−2−6
3−3−3
2−3−6
165转
圆筒22.5转，平0.5转
354针
前身

（d）XL码

袖部（119转）：
119转
56针
2转
1−2−3
1.5−2−12
2−3−10
3−3−14
9转
2+1+3
1+1+22
圆筒1转，1+1罗纹平9转
210针
袖

后身（291转）：
291转
138针
2转
收第33次膊中留90针挑孔
1−2−36
46转收膊
3−2−6
3−3−3
2−3−6
171转
圆筒22.5转，平0.5转
360针
后身

前身：
291转
77针　138针　77针
10转
收第3次领夹边1，2针互扭
4−3−1
4−4−3
3−4−4
2−4−4
1转收假领
38转中留44针
3−2−6
3−3−3
2−3−6
171转
圆筒22.5转，平0.5转
370针
前身

图2−2　女装圆领弯夹西装膊短袖套头衫 S/M/L/XL 码生产工艺单

3. 实例三

款式：女装翻领弯夹西装膊半胸背心。

用料：14.6tex×2（40英支/2），100%棉。

针型：12G，夹、膊3支边。

尺码:M,领 0 支边。

组织:衣身采用平针,衫脚、夹采用 1 + 1 罗纹,领、胸贴采用满针罗纹。

成品密度:7.15 纵行/cm×4.827 转/cm(18.16 纵行/英寸×12.26 转/英寸)。

下机密度(拉密):

2 根纱线(2 条毛),衣身采用平针,10 支拉 3.81cm($1\frac{4}{8}$英寸)。

2 根纱线(2 条毛),衫脚采用 1 + 1 罗纹,10 支拉 6.032cm($2\frac{3}{8}$英寸)。

2 根纱线(2 条毛),领采用满针罗纹,10 支拉 6.19cm($2\frac{3.5}{8}$英寸)。

其成衣尺寸和工艺具体计算分别见表 2-5 ~ 表 2-7,女装翻领弯夹西装膊半胸背心 S/M/L 码生产工艺单如图 2-3 所示。

表 2-5 成衣尺寸表

序号	部 位	规 格					
		S		M		L	
		cm	英寸	cm	英寸	cm	英寸
1	胸阔[夹下 2.5cm(1 英寸)测量]	44.45	17.5	46.99	18.5	49.53	19.5
2	衫长(领边量)	55.88	22	58.42	23	60.96	24
3	膊阔 A	31.75	12.5	34.29	13.5	35.56	14
4	袖长						
5	夹阔	17.78	7	19.05	7.5	20.32	8
6	袖管阔						
7	衫脚阔	44.45	17.5	46.99	18.5	49.53	19.5
8	衫脚高			1.27	0.5		
9	袖口高(为圆筒)						
10	袖口阔						
11	前领深(测量方式为后线至前顶)			8.89	3.5		
12	后领深(测量方式为水平至线)			1.27	0.5		
13	领阔(测量方式为线至线)	13.97	5.5	15.24	6	16.51	6.5
14	领高(为圆筒)						
15	膊阔 B	27.94	11	30.48	12	33.02	13
16	膊斜						

注 膊阔 A 为西装膊产品肩线之间的距离,膊阔 B 为后身肩点之间的距离。

表 2 – 6　女装翻领弯夹西装膊半胸背心的放码计算过程

序号	后身部位档差	计　算　方　法	备　　注
1	胸阔针数	胸阔档差 2.54×7.15	取 18 针
2	膊阔针数	膊阔档差 2.54×7.15	取 18 针
3	夹收针次数	（胸阔档差 18 – 膊阔档差 18）/4	0
4	收夹转数	胸阔档差＝膊阔档差	不变
5	领阔针数	膊阔档差 – 后膊收针次数档差	取 6 针
6	后领底平位	0	0
7	衫长转数	衫长档差×4.827	取 12 转
8	夹上转数	夹阔档差 1.27×4.827	取 6 转
9	夹中平摇转数	1/2 夹阔档差 1.27×4.827	取 3 转
10	夹下转数	衫长档差 – 夹上转数档差	6 转
11	后领深转数	0	0
12	后膊收针次数	（膊阔档差 – 领阔档差）/4	3 次
13	后膊收针转数	＝后身夹上转数档差 – 夹中平摇转数档差	3 转
序号	前身部位档差	计　算　方　法	备　　注
14	胸阔针数	胸阔档差 2.54×7.15	取 18 针
15	夹收针次数	胸阔档差＝膊阔档差	不变
16	膊阔针数	膊阔档差 2.54×7.15	取 18 针
17	单膊阔	（膊阔档差 – 领阔档差）/2	6 针
18	收夹转数	胸阔档差＝膊阔档差	不变
19	领阔针数	膊阔档差 – 单膊阔档差	6 针
20	胸贴平位	0	0
21	前领深转数	前领深档差 0×4.827	0
22	前领平位转数	0	0
23	前领收针针数	领阔档差	6 针
24	衫长转数	衫长档差 2.54×4.827	取 12 转
25	夹下转数	＝后身夹下转数档差	6 转
26	夹上转数	＝后身夹上转数档差	6 转
27	夹中平摇转数	＝后身夹上转数档差/2	3 转

　　若根据实际情况，L 码与 M 码的膊阔档差不等于胸阔档差，此时收夹转数和针数不再保持不变，此时放码的尺寸计算方法如表 2 – 7 所示。

表 2 - 7　女装圆领弯夹西装膊半胸背心膊阔胸阔档差不等的放码计算

序号	后身部位档差	计 算 方 法	备　注
1	膊阔	膊阔档差 1.27 × 7.15	取 10 针
2	夹收针次数	(胸阔档差 18 - 膊阔档差 10)/4	2 次
3	收夹转数	1/2 夹阔档差 0.5 × 1.27 × 4.827	3 转,收针方法 1 - 2 - 24, 2 - 2 - 6
4	夹中平摇转数	夹阔档差 1.27 × 4.827 - 收夹转数档差 3 - 后膊收针转数档差 1	2 转
5	后膊收针次数	(膊阔档差 10 - 领阔档差 6)/4	1 次
6	后膊收针转数	= 后身夹上转数档差 6 - 收夹转数档差 3 - 夹中平摇转数档差 2	1 转

序号	前身部位档差	计 算 方 法	备　注
7	夹收针次数	(胸阔档差 18 - 膊阔档差 10)/4	2 次
8	膊阔针数	膊阔档差 1.27 × 7.15	10 针
9	单膊阔	(膊阔档差 10 - 领阔档差 6)/2	2 针
10	收夹转数	结合收针次数档差确定	4 转,收针方法 1 - 2 - 27, 2 - 2 - 5
11	夹中平摇转数	= 夹阔档差 1.27 × 4.827 - 收夹转数档差 4	2 转

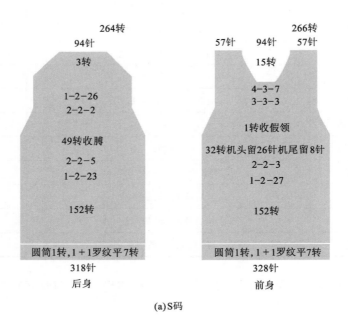

(a) S码

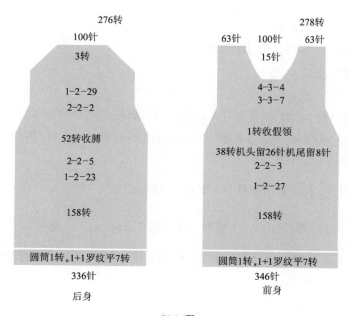

276转

100针

3转

1-2-29
2-2-2

52转收膊

2-2-5
1-2-23

158转

圆筒1转,1+1罗纹平7转

336针

后身

63针　　100针　　63针

278转

15针

4-3-4
3-3-7

1转收假领

38转机头留26针机尾留8针
2-2-3

1-2-27

158转

圆筒1转,1+1罗纹平7转

346针

前身

(b) M码

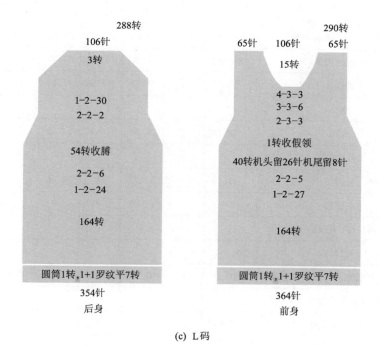

288转

106针

3转

1-2-30
2-2-2

54转收膊

2-2-6
1-2-24

164转

圆筒1转,1+1罗纹平7转

354针

后身

65针　　106针　　65针

290转

15转

4-3-3
3-3-6
2-3-3

1转收假领

40转机头留26针机尾留8针
2-2-5

1-2-27

164转

圆筒1转,1+1罗纹平7转

364针

前身

(c) L码

图2-3　女装翻领弯夹西装膊半胸背心 S/M/L 码生产工艺单

4.实例四

款式:男装 V 领弯夹西装膊背心。

用料:29.2tex×2(20 英支/2),100% 棉。

针型:9G,夹、膊 4 支边。

尺码:M,领 0 支边。

组织:衣身采用平针,衫脚、夹采用 1+1 罗纹,领、胸贴采用满针罗纹。

成品密度:5.043 纵行/cm×3.543 转/cm(12.81 纵行/英寸×9 转/英寸)。

下机密度(拉密):

2 根纱线(2 条毛),衣身采用平针,10 支拉 5.555cm($2\frac{1.5}{8}$英寸)。

2 根纱线(2 条毛),衫脚采用 1+1 罗纹,10 支拉 7.937cm($3\frac{1}{8}$英寸)。

其成衣尺寸和工艺具体计算分别见表 2-8、表 2-9,男装 V 领弯夹西装膊背心 S/M/L/XL 码生产工艺单如图 2-4 所示。

表 2-8　成衣尺寸表

序号	部　　位	规　　格							
		S		M		L		XL	
		cm	英寸	cm	英寸	cm	英寸	cm	英寸
1	胸阔(夹下 2.54cm 测量)	53.34	21	55.88	22	58.42	23	60.96	24
2	衫长(领边量)	62.865	24.75	63.5	25	64.77	25.5	66.04	26
3	膊阔 A	40.64	16	41.91	16.5	43.18	17	44.45	17.5
4	袖长								
5	夹阔	21.59	8.5	22.86	9	24.13	9.5	25.4	10
6	袖管阔								
7	衫脚阔	43.18	17	45.72	18	48.26	19	50.8	20
8	衫脚高			1.905	0.75				
9	袖口高(为圆筒)								
10	袖口阔								
11	前领深(测量方式为后线至前顶)	10.16	4	10.795	4.25	11.43	4.5	12.065	4.75
12	后领深(测量方式为水平至线)		2.54	1					
13	领阔(测量方式为线至线)	17.145	6.75	17.78	7	18.415	7.25	19.05	7.5
14	领高(为圆筒)			1.27	0.5				
15	膊阔 B								
16	膊斜			3.175	1.25				

注　膊阔 A 为西装膊产品肩线之间的距离,膊阔 B 为后身肩点之间的距离。

表 2 − 9　男装 V 领弯夹西装膊背心的计算过程

序号	后身部位档差	计算方法	备注
1	胸阔针数	胸阔档差 2.54 × 5.043	取 12 针
2	膊阔	膊阔档差 1.27 × 5.043	取 8 针
3	夹收针次数	（胸阔档差 12 − 膊阔档差 8）/4	1 次
4	收夹转数	1/2 夹阔档差 0.635 × 3.543 或结合收针次数和收针方法确定	2 转，收针方法根据次数 1 次转数 2 转确定
5	领阔针数	领阔档差 0.635 × 5.043	取 4 针，结合膊阔档差、收膊档差、夹收针档差确定
6	后领底平位	0	0
7	衫长转数	衫长档差 1.27 × 3.543	取 4 转，档差 0.25 则 2 转
8	夹上转数	夹阔档差 1.27 × 3.543	取 4 转
9	夹中平摇转数	夹阔档差 1.27 × 3.543 − 收夹转数档差 2 − 后膊收针转数档差 1	1 转
10	夹下转数	衫长档差 − 夹上转数档差	0 转（档差 0.25 则减 2 转）
11	后领深转数	0	0
12	后膊收针次数	［膊阔档差 10 − 领阔档差 6］/4	1 次
13	后膊收针转数	= 后身夹上转数档差 − 夹中平摇转数档差 − 收夹转数档差	1 转
序号	前身部位档差	计算方法	备注
14	胸阔针数	胸阔档差 2.54 × 5.043	取 12 针
15	夹收针次数	（胸阔档差 12 − 膊阔档差 8）/4	1 次
16	膊阔针数	膊阔档差 1.27 × 5.043	取 8 针
17	单膊阔	（膊阔档差 8 − 领阔档差 4）/2	2 针
18	收夹转数	结合收针次数档差和收针方法确定	3 转
19	领阔针数	膊阔档差 − 单膊阔档差	4 针
20	胸贴平位	0	0
21	前领深转数	前领深档差 0.635 × 3.543	取 2 转
22	前领平位转数	0	0
23	前领收针针数	领阔档差	6 针
24	衫长转数	衫长档差 1.27 × 3.543	取 4 转，若衫长档差 0.25 则取 2 转
25	夹下转数	= 后身夹下转数档差	0 转
26	夹上转数	= 后身夹上转数档差	4 转
27	夹中平摇转数	= 夹阔档差 4 − 收夹转数档差 3	1 转

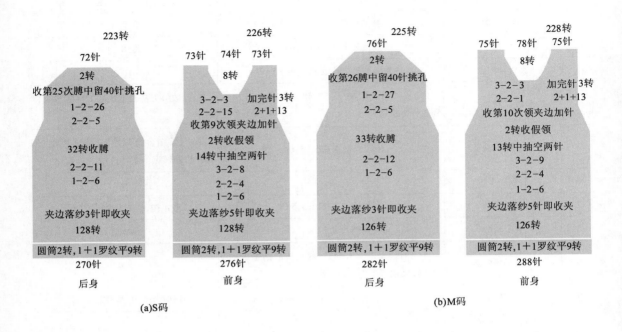

(a)S码   (b)M码

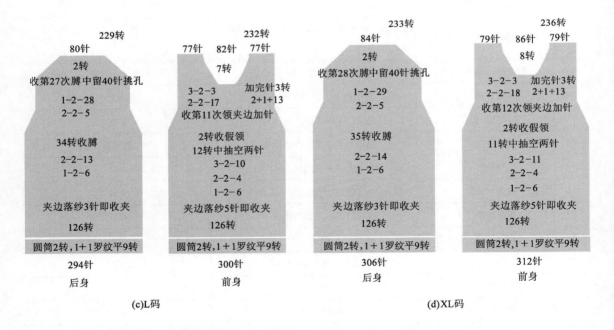

(c)L码   (d)XL码

图 2 - 4　男装 V 领弯夹西装膊背心 S/M/L/XL 码生产工艺单

第二节　羊毛衫用料计算

一、产品用料计算方法

产品用料计算直接关系到每件产品的重量和产品的成本,因此用料计算是工艺设计的重要部分。产品用料计算是按照生产工艺单计算单件衣片的针转数,根据测定的单位针转重量计算单件产品的用料量。单件衣片的用料重量等于衣片针转数与单位针转重量的乘积。

根据生产工艺单,采用求取梯形和矩形面积的方法,即针数乘以转数,算出各部位的针转数,然后相加。单位针转重量是指一枚织针在机头编织一转时所织的线圈的重量。测定方法是:在与大生产相同条件,编织若干个 100 针×100 转的织物,测定其在公定回潮率下的重量,并取平均值,所得到的数值除以 100 针×100 转,即得到该试样的单位针转重量。下摆、袖口、领等附件的组织不同,其单位针转重量要分别采用相同的方法求取。而实际投产用料重量应该等于单件衣片的用料量乘以 1,再加上加工原料损耗率的和。下面以开衫西装膊产品的计算为例,叙述产品用料计算方法。

二、实例计算

款式:男装 V 领入夹西装膊开衫。

用料:29.2tex×2(20 英支/2),100% 羊毛。

针型:9G,夹、膊 4 支边。

尺码:M,领 0 支边。

组织:衣身采用平针,衫脚、夹采用 1+1 罗纹,门襟、袋带采用满针罗纹。

成品密度:4.2 纵行/cm×3.3 转/cm(10.7 纵行/英寸×8.4 转/英寸)。

其成衣尺寸和工艺具体计算分别见表 2-10 和表 2-11,生产工艺单如图 2-5 所示。

表 2-10　成衣尺寸表

序号	部　位	尺寸(cm)	序号	部　位	尺寸(cm)
1	胸阔(夹下 2.54cm 量)	47.5	9	袖口高(圆筒)	5
2	衫长(领边量)	67	10	袖口阔	13
3	膊阔 A	40	11	前领深(测量方式为后线至前顶)	24
4	袖长	55	12	后领深(测量方式为水平至线)	1.5
5	夹阔	23	13	领阔(测量方式为线至线)	14
6	袖管阔	20	14	领高(满针罗纹)	3.2
7	衫脚阔	45	15	袋阔(袋带阔)	11.5(2)
8	衫脚高	6.5	16	袋深	12.5

注　膊阔 A 为西装膊产品肩线之间的距离。

表 2－11　男装 V 领入夹西装膊开衫的计算过程

项　　目		前身（针转数）	后身（针转数）	袖子（针转数）	附件（cm）
坯　布		$197 \times 1 = 197$	$197 \times 1 = 197$	$115 \times 1 = 115$	门襟带 162
		$199 \times 112 = 22288$	$199 \times 115 = 22885$	$126 \times 27 = 3402$	袋带 28
		$177 \times 30 = 5310$	$179 \times 27 = 4833$	$157 \times 88 = 13816$	
		$155 \times 50 = 7750$	$159 \times 30 = 4770$	$179 \times 12 = 2148$	
		$160 \times 8 = 1280$	$133 \times 18 = 2394$	$167 \times 6 = 1002$	
		$165 \times 2 = 330$	$83 \times 12 = 996$	$134 \times 21 = 2814$	
		$2 \times 50 \times 37 = 3700$	$59 \times 3 = 177$	$113 \times 2 = 226$	$28 \times 0.14 = 3.92$
		$[\,0.5\,(7 + 37) \times 50 + 37 \times 10\,] \times 0.25 = 367.5$			$162 \times 0.21 = 34.02$
坯布总针转数		40487.5	35655	$23523 \times 2 = 47046$	
罗纹针转数		$(97 \times 2 + 1) \times 28 = 5460$	$(97 \times 2 + 1) \times 28 = 5460$	$(56 \times 2 + 1) \times 17 \times 2 = 3842$	
重量（g）	坯布	$40487.5 \times 0.0026 = 105.27$	$35655 \times 0.0026 = 92.70$	$47046 \times 0.0026 = 122.32$	
	罗纹	$5460 \times 0.0022 = 12.01$	$5460 \times 0.0022 = 12.01$	$3842 \times 0.0022 = 8.45$	
	总重	$105.27 + 12.01 = 117.28$	$92.70 + 12.01 = 104.71$	$122.32 + 8.45 = 130.77$	37.94
单件产品重量（g）		$117.28 + 104.71 + 130.77 + 37.94 = 390.7$			
单件产品投产用料（g）		$390.7 \times (1 + 3\%) = 402.42$			

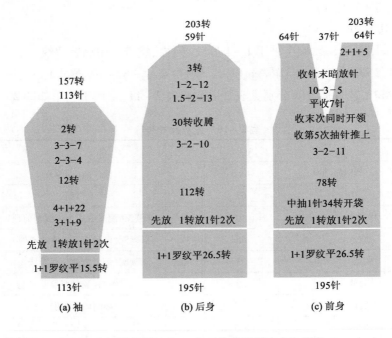

图 2－5　男装 V 领入夹西装膊开衫生产工艺单

第三章　澎马（Primavision）针织 CAD 操作系统

澎马操作软件系统是纺织及制衣界广泛采用的 CAD 系统,常用的专业服装设计软件有澎马服装设计系统(简称澎马系统)、彩路服装设计系统、Charse 2000 服装 CAD 系统、田岛绣花服装设计软件、港思路达服装设计软件、樵夫服装设计软件、富怡纺织服装图艺设计系统、智能服装设计系统(简称智能系统)等。

其中应用在羊毛衫设计方面的主要有澎马系统、智能系统、彩路服装设计系统和富怡纺织服装图艺设计系统等。

富怡纺织服装图艺设计系统具有五大功能模块,其中针织面料设计模块主要可以进行逼真的针织面料三维模拟显示,所见即所得的交互式设计方案,智能型的针织组织库,使得针织面料设计变成一种艺术享受。

彩路服装设计系统包括针织设计和针织工艺计算系统,其针织设计可将设计或扫描的图案转换成针织仿真效果,可进行针织提花及针款的设计,可智能计算每件毛衫的纱线用色比例;可设计提花图案并生成彩色或黑白的针织格子图等。其针织工艺计算系统可自动进行针织工艺计算,自动计算放码工艺,自动进行重量计算、折合件和折合转计算等。

澎马系统是性能价格比优良的设计软件,1985 年至今,行销世界三十余国。在美国、英国、芬兰市场均居主导地位,软件的优秀品质一再得到验证,配合客户的使用反馈,软件的数次升级使澎马系统总能适应不断翻新的设计和工艺手法,也是在其后开发的许多设计软件的理论基础。

澎马系统在羊毛衫设计上的应用具有以下优势。

1. 高效率节省工时的样板库　澎马系统中储存了几百款精细的羊毛衫样板,输入针织密度、机号等资料即可生成生产工艺单。所有样板参数均可修改,适应实际生产需要。

2. 工艺和设计的结合　各个码数的样板衣片都可以输出到针织接口下,做进一步的花型设计。

3. 设计便捷　提供了针目效果的直接转换,备有移圈、集圈、提花等大量针法库,设计师可将针法调用搭配,配合颜色,直接在屏幕上看到实际针织效果;在针织模拟效果下可以直接打印工艺格子图;可以按 1∶1 设计完整的羊毛衫衣片,并以实际针织密度打印出标准尺寸的款式纸样,节省时间和成本。

由于澎马系统卓越的功能,本书重点介绍羊毛衫生产中利用该系统进行计算机辅助设计。

第一节　针织排纱间和提花设计

随着市场竞争及消费者对产品要求的多样化、个性化和高速度,计算机成为针织设计的重要工具。针织图案设计从传统的手工意匠纸方法到采用 Photoshop 等通用软件辅助图案设计。随着计算机软件的不断发展和更新换代,针织 CAD 技术也将向更高级和更实用快捷的方向发展,采用专业的针织 CAD 软件进行图案设计,以扩大针织面料产品品种,提高生产效率和企业竞争力。

无论传统的针织机械还是电脑圆机和横机,都需要进行图案设计。尽管电脑大花型圆机和电脑横机本身配备有花型设计系统,但通常花型设计功能简单,主要功能是将用其他软件设计好的花型图案转换成机器能识别的线圈编织图案,并检查图案中是否有机器不能编织的情况存在,因此,采用强大的针织 CAD 软件辅助针织坯布花纹设计成为必然的趋势。针织图案通常采用素色、色纱间(即横条纹)、小花型、大花型等形式,下面就以澎马系统辅助针织色纱间、小花型及大花型的设计加以说明。

一、色纱间

色纱间是针织坯布较常见的设计形式,俗称横条纹,在针织机上只需要改换色纱即可改变横条纹颜色和横条宽度,用澎马系统进行色纱间的设计非常快捷,同时也可以在计算机上直观地看到设计效果。图 3 – 1 所示为澎马系统的色纱间设计界面。

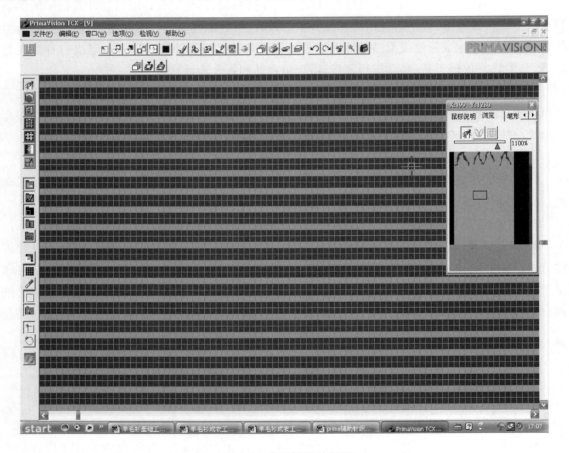

图 3 – 1　色纱间设计界面

色纱间基本设计过程如图 3 - 2 所示,可按如下步骤进行。

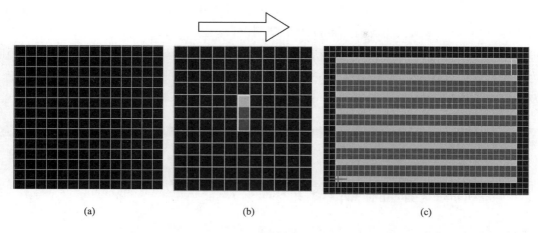

图 3 - 2　色纱间设计过程

(1)进入澎马系统,选择文件中的新建命令,打开建立对话框,在对话框中可以设立文件的绘图区宽度、高度和分辨率。绘图区相当于进行绘画的画板大小,通常将其设置成最大,即宽度为 2400 像素、高度为 2560 像素,以防在设计中画板不够用的情况发生。

(2)将格子开关打开,在浏览窗口中将绘图区放大,直到格子可以显示出来,大小根据设计者的习惯进行调节,然后在色彩板中选择色彩(可以自行调节,也可以选用 pantone 色卡),在绘图区格子中根据设计需要绘制。这里一个格子代表一个像素点。

(3)先绘制一个最小循环单元,然后用框选工具将其框住,选择循环功能进行循环,看设计的整体效果。若只想循环最小单元的一部分,则只框选其中需要循环的部分。

图 3 - 3 所示为色纱间在针织 T 恤设计中的应用。

(a)

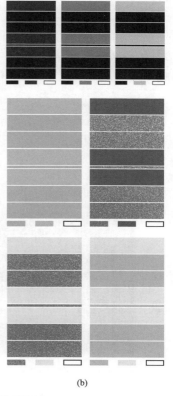

(b)

图 3 - 3　针织 T 恤色纱间设计

二、小提花花型

小提花花型通常采用非电脑横机生产(一般都是传统的机械生产),直观的表现是花宽和花高都比较小,根据横机的情况有不同的大小限制,可以整件衣服(坯布)采用小花型的设计,也可以采用与色纱间和大花型配合进行整体设计。小提花设计界面如图 3-4 所示,图 3-5 所示为小提花设计过程,图 3-6 所示为小提花设计举例,图 3-7 所示为色纱间和小提花结合设计及在针织 T 恤设计中的应用。

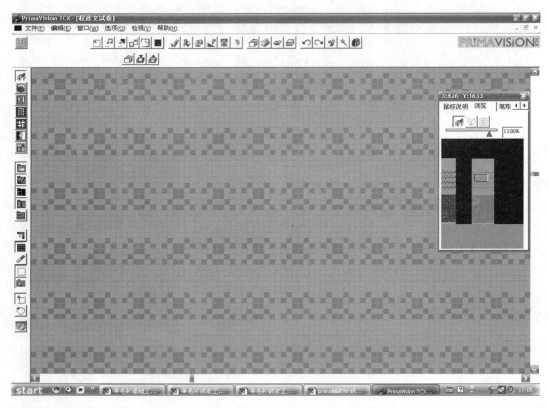

图 3-4　小提花设计界面

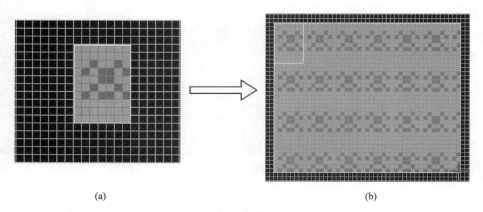

(a)　　　　　　　　　　　　　　(b)

图 3-5　小提花设计过程

小提花基本设计可按如下步骤进行。

(1)同色纱间基本设计过程中的(1)。

(2)同色纱间基本设计过程中的(2),只是小花型循环最小单元。

(3)小花型可以将透明开关打开,然后选择复制粘贴功能,透明开关的作用是可以使设计图案的黑色背景透明,从而在粘贴到原设计图案上时,可以显露出下面图案的颜色,通过同一图案的反复透明复制粘贴操作,在粘贴时可以移动上面粘贴图案相对于下面粘贴图案的位置,设计者根据显示的效果来决定,当对设计效果满意时,可以按动鼠标来确定。

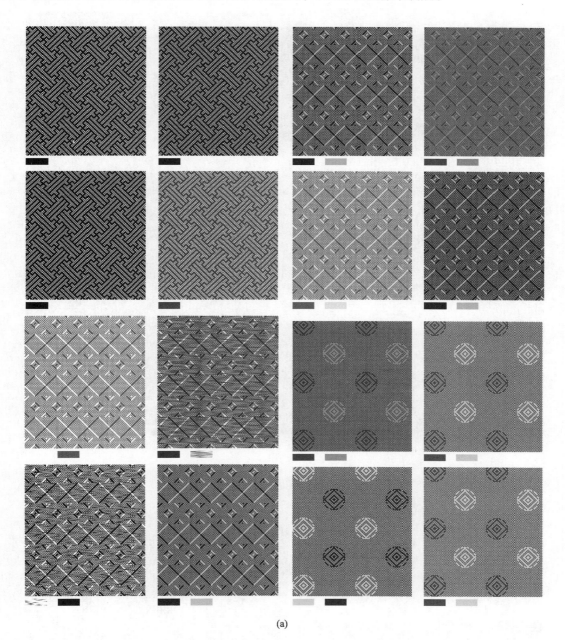

(a)

图 3-6

(b)

图 3 – 6　小提花设计举例

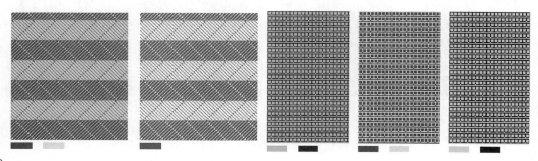

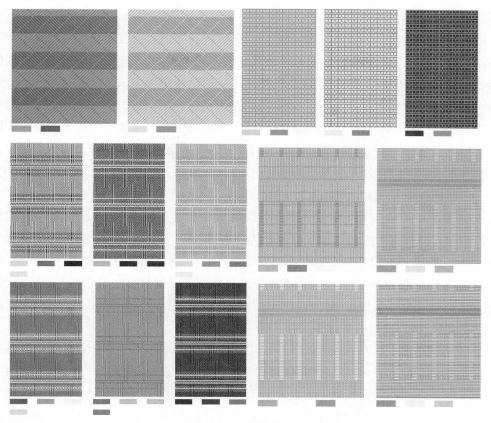

(a)色纱间和小提花结合设计

(b)色纱间和小提花结合设计在针织T恤设计中的应用

图 3 - 7　色纱间和小提花结合设计举例及在针织 T 恤设计中的应用

三、大提花花型

大提花花型主要是由电脑横机进行设计,设计好的图案可以通过横机本身配置的软件转化成电脑横机能识别且能顺利编织的符号。而且在转换的过程中,需要利用横机本身自带的软件在适当的位置以适当的形式加入集圈方式,单面电脑横机应用较多,通常同一行采用 2 色,最多 3 色,颜色过多容易使横机出现故障。对于同一行两种颜色的图案,若同一色在同一行中距离较远,由于单面花型的浮线不可过长,通常以集圈的方式来解决,或者用两种不同颜色的像素通过不同排列来实现,例如不同横条、竖条和芝麻点等。在采用澎马系统进行设计时,可以采用不同颜色的像素通过不同排列来模拟集圈效果,该方法很重要,这也是针织图案设计的一大特点,而对于羊毛衫的嵌花花型设计则不存在这个问题。

1. 大花型图案制作　大花型图案设计可以用软件绘画功能来进行设计,也可以扫描图像或从图库中调入。利用图库是比较常用的做法,在各种图库图像格式中,由于矢量格式的图像色彩比较单一,比较适合针织面料的图案形式,而位图格式的图像由于一般采用 256 色,色彩多的一般采用 16M 色彩,则不适合针织图案设计的采用。可利用目前较通用的、功能强大的矢量图形设计软件 CorelDRAW 的图库进行设计,可以将 CorelDRAW、Photoshop 和澎马系统功能结合进行大花型设计,其设计过程如下。

(1)在 CorelDRAW 中,将 CorelDRAW 图库图形进行图像格式转化,转化成 Photoshop 可以接受的图像格式,然后在 Photoshop 软件中将其打开进行编辑。首先将图像改为灰度模式,并选择菜单"编辑"下的"adjustposterize",将色彩分离为 2 色,也可以根据图像的情况多于 2 色。然后选中其中 2 色为基本色,而其他的颜色用来做该 2 色的各种混合形式的填充(如横条、竖条和芝麻点等),以丰富图像层次或模拟集圈效果的安排,该操作安排在澎马系统中进行。将图像大小改为宽 640 像素,高 192 像素,花宽和高在机器上基本是不受限制的,以上所定图像大小是根据毛衫的大小和花纹图案在毛衫上的位置及整体效果而定。将图像全选并拷贝,大提花图案 Photoshop 软件色彩处理过程如图 3-8 所示,CorelDRAW 中文件转换为 *.wmf 文件,进而转换为 Photoshop 中可以处理的 *.pdf 文件进行处理,如图 3-9 和图 3-10 所示,Photoshop 图形经过色调分离处理后的图形如图 3-11 所示,澎马系统中从 Photoshop 粘贴过来的图像如图 3-12 所示。

澎马系统的色彩集成指令在减少图形颜色和将图形转化为针织花型可用图形方面具有优势,可以互动地去除某些色彩,留下想要的色彩,使最终效果对图形的整体感觉保留较好,不会由于颜色的减少而破坏了整体图形的效果。将第三色用另外两种颜色的色纱间和小提花填充后,可形成澎马系统的两色提花图形。澎马系统色彩集成指令处理后的图形如图 3-13 所示,澎马系统色纱间及小提花填充后形成的 2 色提花图形如图 3-14 所示。

(2)打开澎马系统,选择菜单"编辑"下的"粘贴",将 Photoshop 编辑好的软件调入绘图区进行编辑,在调入前要注意在绘图区中没有其他图形的存在,如果需要调入其他图形,需粘贴完图像后再进行,以防止出现不同图像色彩混合的现象。然后可以利用澎马系统强大的绘图工具、色彩变化工具以及循环工具等进行进一步的设计编辑工作。若图形中仍有杂点,采用色彩集成命令 集成到 2 色或 3 色,集成的颜色可以自己选择。

图 3 – 8　大提花图案 Photoshop 软件色彩处理过程

图 3-9　CorelDRAW 中文件转换为 *.wmf 文件

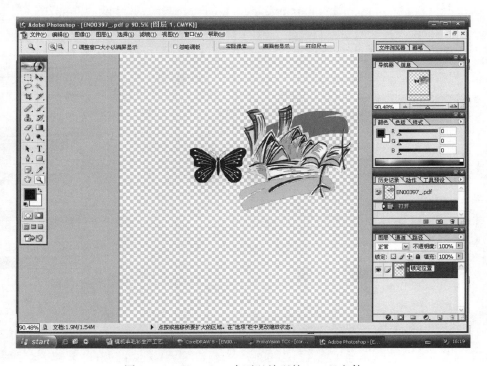

图 3-10　Photoshop 中可以处理的 *.pdf 文件

图 3 – 11　Photoshop 图形经过色调分离处理后的图形

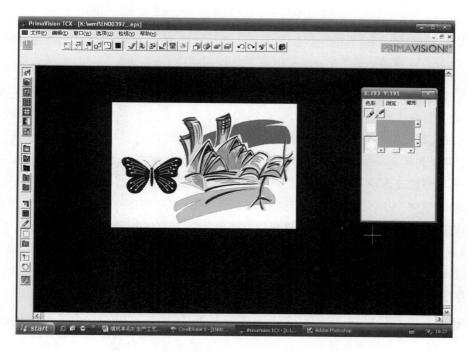

图 3 – 12　澎马系统中从 Photoshop 粘贴过来的图像

图 3 – 13　澎马系统色彩集成指令处理后的图形

(a)   (b)

图 3 - 14   澎马系统中色纱间和小提花填充后形成的 2 色提花图形

(3)对于 2 色中面积较大的色块以及多于 2 色的其他颜色,可在澎马系统中进行横条、竖条和芝麻点等的填充 ▦ 操作,这里横条实际上就是色纱间,而竖条和芝麻点实际上可以看成是小花型,可以利用澎马系统编辑色纱间和小花型的功能来编辑横条和芝麻点。设计完成后可以利用循环功能看花纹循环之后的效果,或者利用循环功能来做进一步的设计,之后再进行色彩变换,做出该大花型的一系列色彩设计。注意做完后将图像放大检查是否有颜色错误,如杂色、色点等,也可以利用澎马系统中针织专家的针目显示模式来观看大体的针织效果。澎马系统中色纱间和小花型填充形成 2 色提花图形的过程如图3 - 15 所示。

(4)将编辑好的图形文件用电脑大花型圆机自身携带的专用转换软件打开调试,检查是否有颜色错误并设置集圈形式等。处理好之后即可以存到软盘中,并拿到电脑大花型圆机上进行编织。

2. 浮雕花型的制作   大提花中的浮雕花型可以通过设计编织图案使其产生浮雕效果,可以在横条基础上产生,也可在素色基础上设计。

(1)浮雕花型在横条基础上产生过程如下。

①将透明开关 ▣ 打开,将原图案用细横条覆盖,细横条可以采用建立色纱间的方法建立,色彩为背景色 0 和色彩板中另一色彩蓝色,在透明开关打开情况下,背景色 0 将变成透明的,可以露出重叠在下面的图案。

②将蓝色用色彩转换变成背景色 0,图案变成被横条分割的状态。

③将未被横条分割的颜色为背景色 0 的原图案移动到细横条上,作为浮雕的阴影。

④将被分割的图案移动到黑色背景色 0 的阴影图案的错开位置。

⑤将该图案的颜色换成横条的蓝色,即形成最后的浮雕效果花型。澎马系统中 2 色横条浮雕提花图形设计过程如图 3 - 16 所示。

(2)在素色基础上形成浮雕比在横条上形成简单,其过程如下。

①选择字体指令 ▣ 输入字体,选择粗体,并对字体大小进行设定,选择窗口 ▣ 框选字体,将字体复制一个副本,将原字体背景换成蓝色,字体换成背景色 0,作为该字体的阴影。

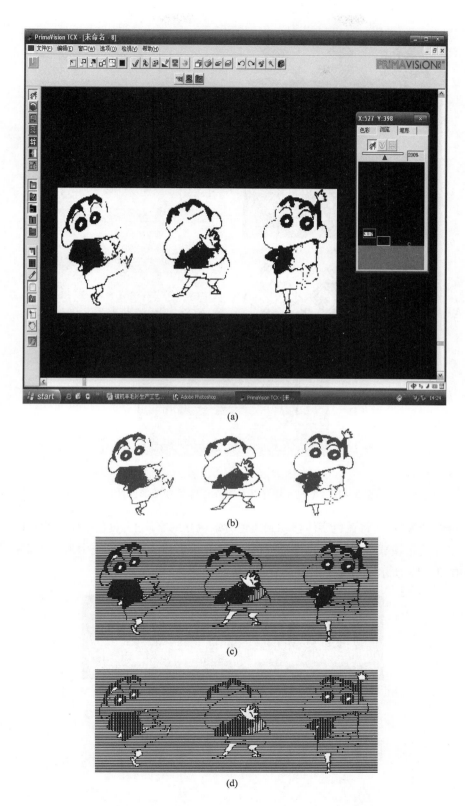

图 3 - 15 澎马系统中色纱间和小提花填充形成 2 色提花图形的过程

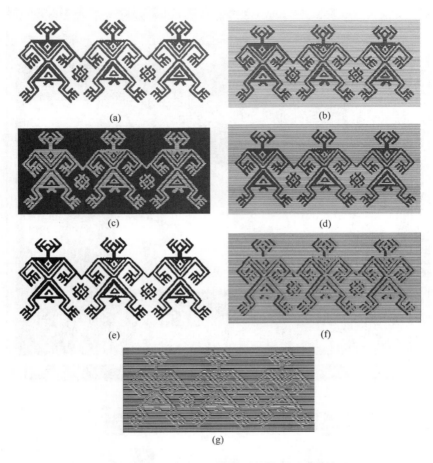

图 3 – 16　澎马系统中 2 色横条浮雕提花图形设计过程

②将透明开关打开,将黄色字体移动到黑色背景色 0 的字体上,黄色字体的背景色 0 为透明。

③将字体黄色换成该窗口内的背景蓝色,浮雕效果形成。澎马系统中素色浮雕提花图形设计过程如图 3 – 17 所示。

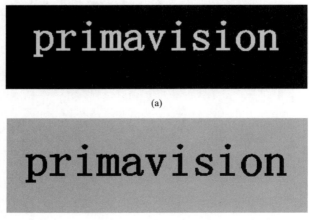

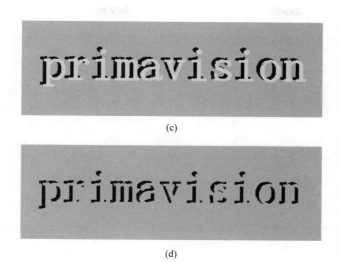

(c)

(d)

图 3-17　澎马系统中素色浮雕提花图形设计过程

在素色的基础上形成浮雕也可以借助 CorelDRAW 软件进行，其效果如图 3-18 所示。

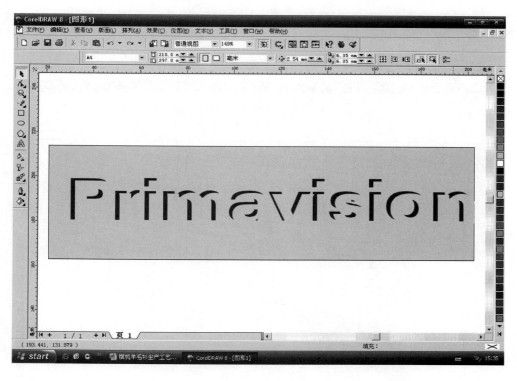

图 3-18　CorelDRAW 中制作的浮雕图形效果

可以将该图形复制粘贴到澎马系统中通过色彩集成后使用，如图 3-19、图 3-20 所示。还可以将其在 CorelDRAW 中存储为扩展名为 *.wmf 的文件，并在澎马系统中输入，如图 3-21、图 3-22、图 3-23 所示。

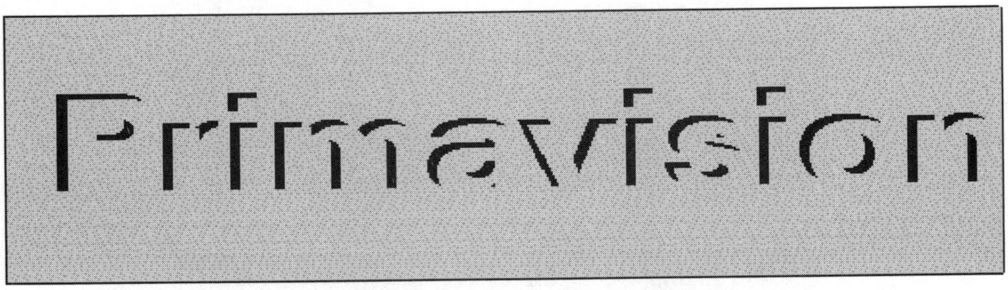

图 3 – 19　粘贴到澎马系统中的 CorelDRAW 浮雕图形

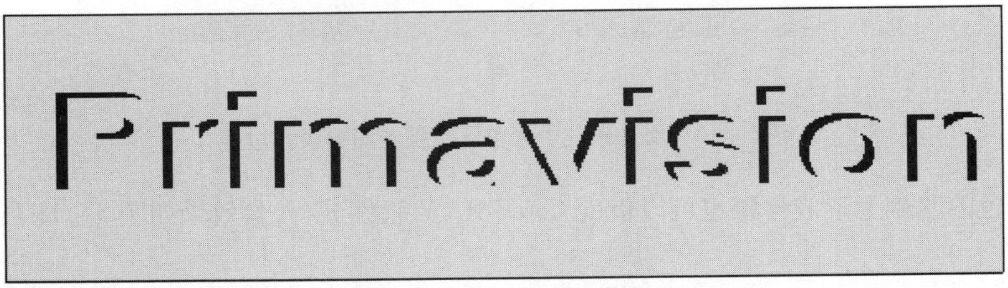

图 3 – 20　粘贴到澎马系统中的 CorelDRAW 浮雕图形色彩集成后的图形

图 3 – 21　在 CorelDRAW 中的 *.wmf 浮雕图形文件

图 3-22　澎马系统的矢量图层中 ∗.wmf 文件的输入

图 3-23　∗.wmf 输入图形在成衣设计中的应用效果

四、成衣整体设计

对于大花型设计,由于成衣生产中要考虑对花对格,所以在坯布设计时要进行整体设计,大花型的花宽和花高主要看图案的情况和 T 恤的胸阔、身长及织物的横密和纵密来综合考虑,常用的为花宽 640 像素,花高 192 像素。而坯布整体设计要考虑大花型在衣身上的安排及整体的美感,总高度根据身长、袖长和纵密确定,一般为 1728 像素,其中各部分分配如下:大花型以上部分 192 像素,大花型高度 192 像素,大花型以下部分 1152 像素,袖片高度 192 像素。宽度则上下保持一致,为大花型一个花纹循环宽度即可。在衣身的高度安排中,可以根据情况进行调整,如果大花型的高度减小,则将减小的部分平均分配给上部分和下部分,以保持大花型在 T 恤上的位置和整体配置的均衡,例如大花型的高度若不是 192 像素,而是 142 像素,则减少的 50像素平均分配给上部分和下部分,上部分变成 217 像素,下部分变成 1177 像素,袖片高度不变。整体设计步骤如下。

(1)在做好的大花型上部,选择框选工具 中四方形定窗子指令 。首先在大花型上面一行宽度的最左面的像素点上将鼠标点一下,然后在弹出的对话框中输入上部分的高度和宽度后回车,则会显示一个四方框形在大花型的上部分,四方框的宽度和高度分别为大花型上部分的花宽和花高,然后将四方框内的黑色背景色用换色工具换成设计的颜色。大花型下部分和袖子部分的操作依此类推。坯布上大花型设计过程如图 3 - 24 所示。

(2)整体做好后,用浏览窗口将绘图区放大,同时格子开关保持开的状态,以使下面的框选操作准确,用框选工具将整个设计图形选住,选择"编辑"下的"拷贝",然后在绘图区空白处点击,将复制的图形放在该位置,然后将其中的颜色进行换色操作,可以设计出一系列同样花型但不同颜色的设计作品。

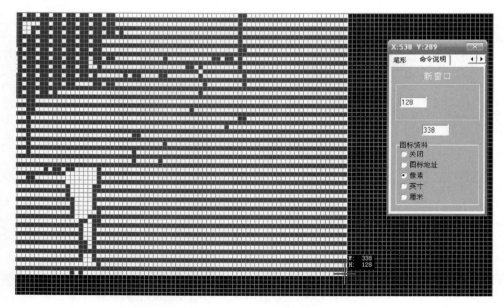

(a)

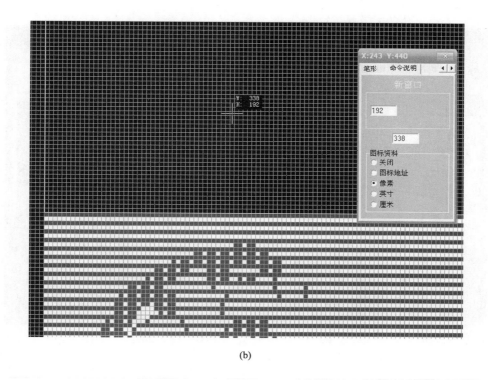

(b)

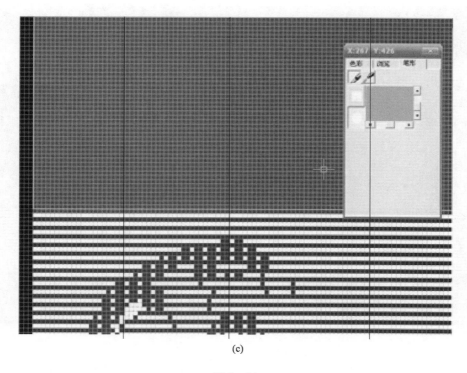

(c)

图 3 – 24

(d)

(e)

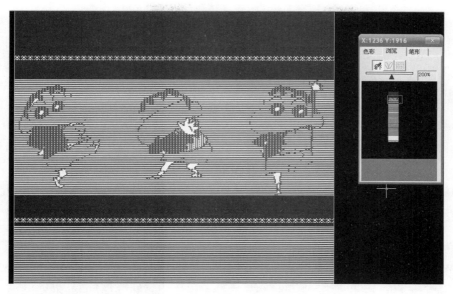

(f)

图 3 – 24　坯布上大花型设计过程

（3）从软件款式库中调出某 T 恤衫的款式图，可以将设计好的整体坯布花纹设计选中，然后利用复制 或填色中的填充花型 操作，将衣身部分花型框选并填充在 T 恤衫的衣身上，将袖子部分花型框选并选择旋转填充花型操作，使袖子部分的花型纹路与袖中线垂直，则可更直观地观察整体的设计效果。坯布图案利用复制功能设计在成衣上的应用效果如图3 – 25所示，利用图案填充功能设计的成衣整体效果和设计过程，如图 3 – 26、图 3 – 27 所示，图 3 – 28 为大提花中小提花纹路填充效果图。

图 3 – 25　坯布图案采用复制 功能设计在成衣上的应用效果

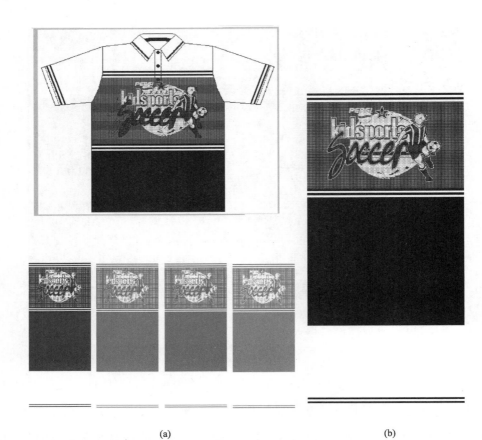

(a)   (b)

图 3 - 26　利用图案填充功能设计的成衣整体效果

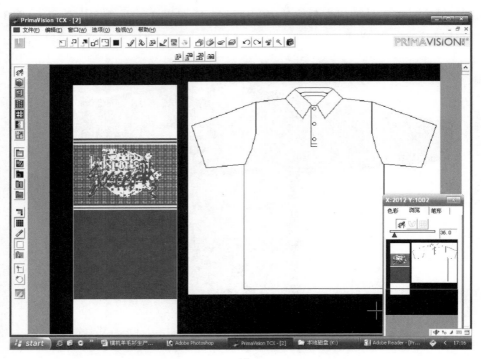

(a)

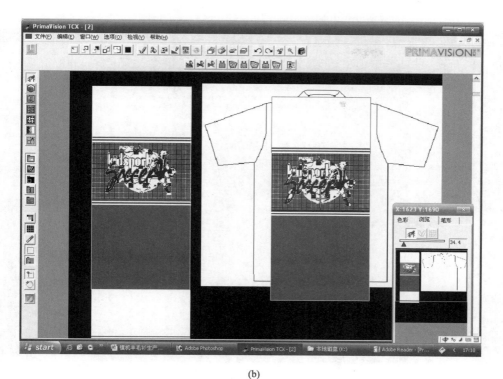

(b)

图 3 – 27　坯布图案在成衣上的填充过程

(a)

图 3 – 28

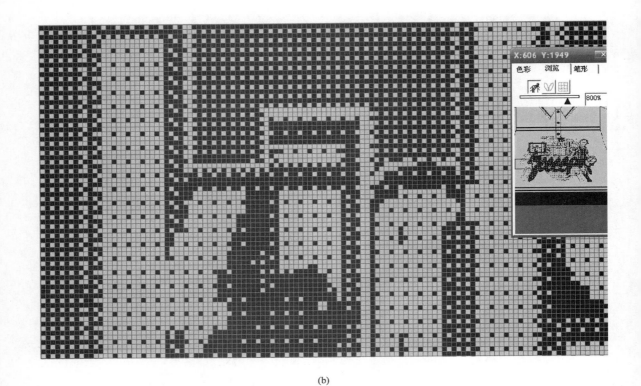

(b)

图 3 - 28　大提花中小提花纹路填充效果

　　随着计算机技术和针织工业的发展,针织面料的图案设计从传统的手工意匠纸到采用通用的图形图像软件(如 Photoshop),再到目前广泛采用的专业设计软件,相比较而言,计算机技术为针织面料图案的设计提供了强大的辅助工具,从采用通用软件到采用专业软件整体设计(采用图案填充 ▦ 功能绘制),又使针织面料图案的设计更加方便、专业、快捷和准确。

第二节　款式图绘制

一、款式图所包含的内容

　　包含矢量和位图 2 个层次的毛衫款式图如图 3 - 29 所示,毛衫款式图及矢量和位图层次的图形构成如图 3 - 30 所示。关闭矢量图层显示前后的图形如图 3 - 31 所示,关闭位图图层显示后的图形如图 3 - 32 所示。

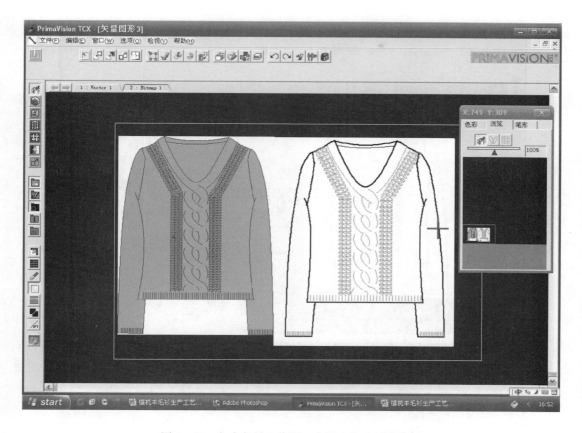

图 3 – 29　包含矢量和位图 2 个层次的毛衫款式图

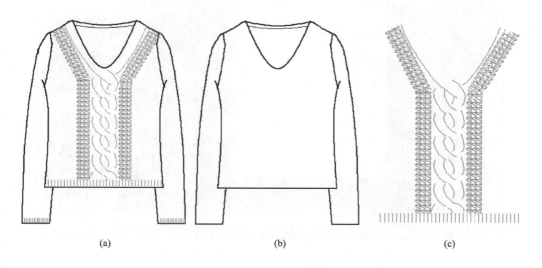

(a)　　　　　　　　　　　(b)　　　　　　　　　　　(c)

图 3 – 30　毛衫款式图及矢量和位图层次的图形构成

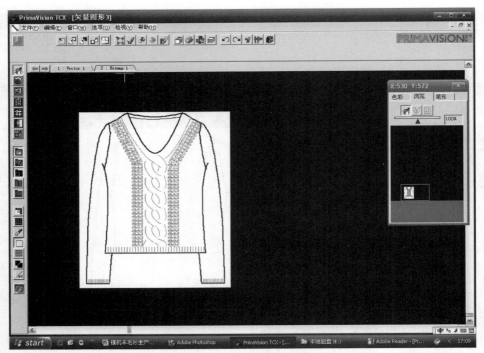

(a) 关闭矢量图层显示前的图形

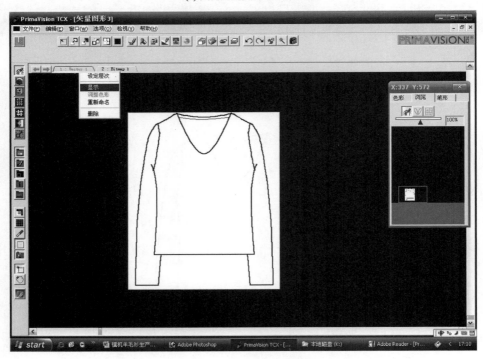

(b) 关闭矢量图层显示后的图形

图 3 - 31　关闭矢量图层显示前后的图形

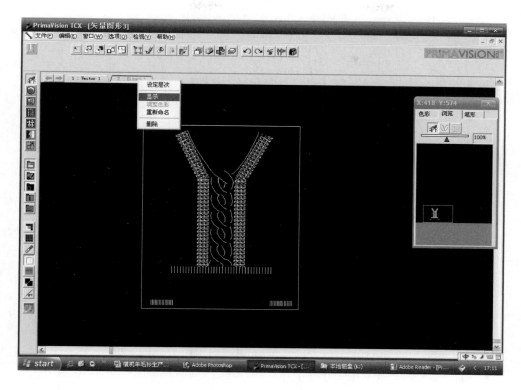

图 3 - 32　关闭位图图层显示后的图形

二、款式图绘制过程

位图图层毛衫款式轮廓图的绘画过程如图 3 - 33 所示,矢量图层毛衫款式轮廓图的绘制过程如图 3 - 34 所示,其绘画过程如下所述。

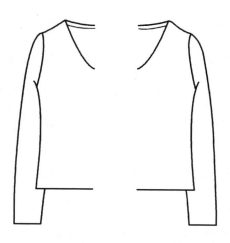

图 3 - 33　位图图层毛衫款式轮廓图的绘画过程

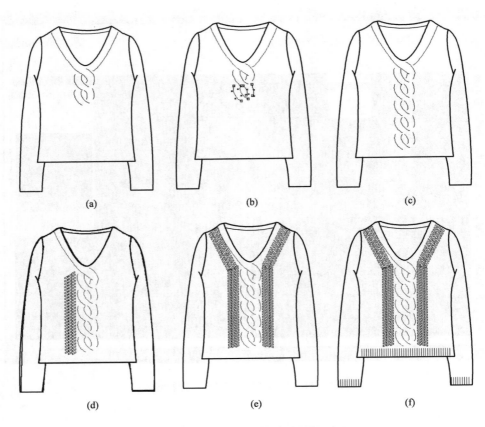

图 3 – 34　矢量图层毛衫款式轮廓图的绘制过程

（1）首先在位图模式下绘出外形轮廓图，采用绘画 中可调宽度笔 指令绘画，在该指令中可以选择直线、曲线（1—3—2）绘画，先绘出轮廓图的一半，然后选择复制 指令中反射复制 指令，将另一半复制。

（2）选择层次设定 指令对话框中新增层次按钮，并选择新增矢量层次，在矢量层次中选择指令栏中绘画 指令子菜单中绘画曲线 指令，绘出模拟扭花针织组织效果，绘出一个最小循环单元后，用选择物件 指令将其选定，选择循环 指令沿纵向循环，完成整个扭花的绘画。

（3）选择绘画矩形 指令绘出一个矩形，然后将其选定，选择变形 指令子指令菜单中的平行转换 指令，在命令说明中选择垂直模式，将该矩形变成平行四边形，然后将其选定并沿纵向循环，完成扭花一侧的凹凸组织模拟，之后选定该纵向组织，选择变形指令的子指令菜单中的转动 指令，按键盘上的"T"键改换为显示物件本身，当转动到与轮廓配合的角度后点击确定，然后选择反射复制，完成扭花另一侧的凹凸组织模拟绘画。

（4）选择绘画直线 指令,并在命令说明中用鼠标点选固定角度,绘出一段垂直线段,点选选择物件指令将该线段选定,选择复制指令,并在命令说明中用鼠标点选水平模式,复制出另一段垂直线段,然后将这两段垂直线段选定并沿水平方向循环,完成下摆和两个袖口罗纹的模拟。

（5）选择层次指令对话框,按住"Ctrl"键将位图和矢量层次全部选定,然后选择合并层次按钮,则绘图区中所有层次内容合并在一个位图层次。然后可以在位图模式下对轮廓图进行填色等操作。

第三节　针织印花效果制作

一、针织印花效果制作特点

印花不同于提花和嵌花,工艺上对色纱的采用和花型的限制较小。在澎马系统中,可以有多种方式进行针织印花设计,包括扫描面料图案填充、设计图案填充、布纹、文字印花、循环模式和水彩特殊效果等,可以单独使用,也可以综合使用。

二、利用澎马系统进行针织印花效果制作

利用澎马系统特殊效果 中的布纹 指令设计,处理后得到面料的设计效果及肌理,图 3-35 所示为罗纹肌理上的羊毛衫印花图案效果设计。

(a)

(b)

(c)

图 3-35

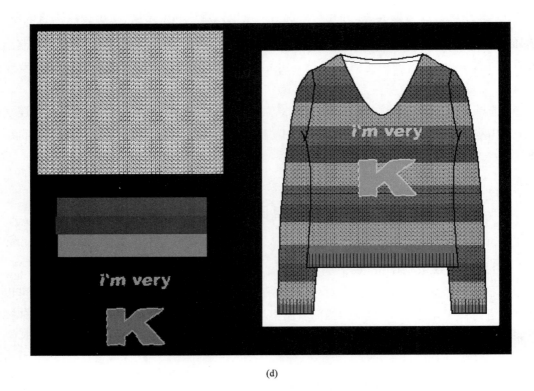

(d)

图 3 – 35　罗纹肌理上的毛衫印花图案效果设计

图 3 – 36、图 3 – 37 所示为利用循环模式和透明指令设计的印花效果图。

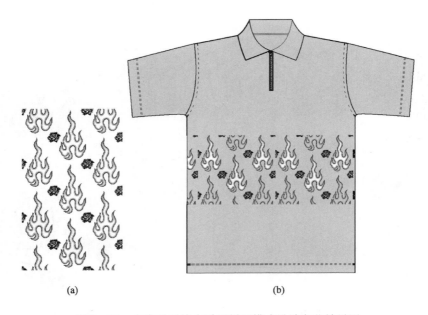

(a)　　　　　　　　　　　　(b)

图 3 – 36　在澎马系统中采用循环模式设计印花效果图

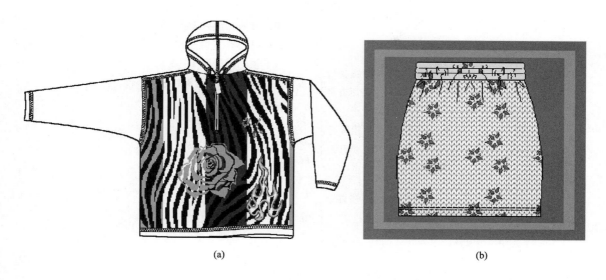

(a)　　　　　　　　　　　　　(b)

图 3 - 37　利用透明指令设计的印花效果图

第四节　羊毛衫下数纸库的使用和修改

羊毛衫下数纸既是羊毛衫编织生产工艺单,又是规定幅面如何由下摆到衣领的编织指令清单,幅面包括前幅面(前片)、后幅面(后片)和袖幅面(袖片),每个幅面分别显示在一个独立的窗格内,在窗格上部显示幅面的总转数和总针数,这些可以用作羊毛衫产品的生产成本计算。每个幅面的整体编织方案用来指导针织幅面的准确生产流程,羊毛衫下数纸中的放码资料可以建立准确的全套尺码的编织生产方案。

下面就澎马系统中模板库和自建模板两种方法介绍羊毛衫下数纸设计过程。

一、下数纸库的使用

澎马系统根据生产的实际情况,自带了比较全面的羊毛衫成衣模板库,基本上覆盖了生产中常见的板型情况,其分类情况如下页表所示。

可以利用模板,输入实际要生产的羊毛衫产品的尺寸,则澎马系统立即可以显示其编织方案,但澎马系统中模板的建立是考虑大多数厂家的生产情况,和具体某个厂家的生产情况可能会有一定的出入,这种情况需要了解该系统下数纸的操作原理,从而进行一定的修改,以与实际生产情况相符合。澎马系统中涉及计算结果的菜单有两个,一个是尺寸菜单,一个是表达式菜单。下面以装袖产品的模板修改为例,介绍如何利用现有模板进行羊毛衫下数纸的设计,如图 3 - 38 所示。

羊毛衫的分类

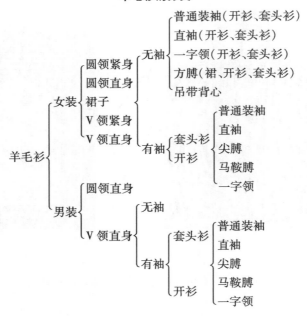

注 每个产品类别均分别包含电脑横机和手动横机两个库文件；男装无袖库文件除无裙和吊带背心外，其他与女装无袖库文件分类相同。

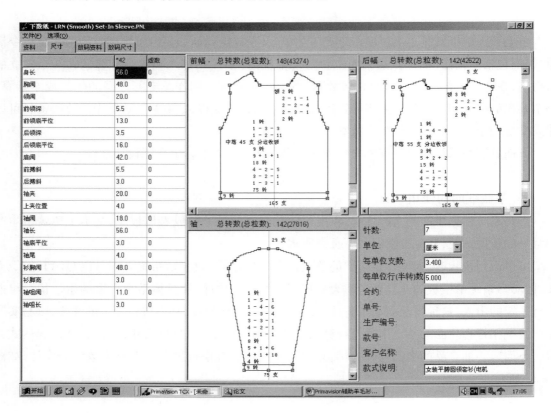

图 3-38 装袖库文件模板

二、尺寸修改

装袖库文件模板实际上代表了成品款式膊型(平膊、斜膊和西装膊),软件中的膊型即羊毛衫的肩型,夹的款式是入夹和弯夹等几种情况的综合情况,软件中的夹即羊毛衫的挂肩或袖窿。生产中根据实际款式的不同要修改相应的尺寸和表达式,下面主要说明尺寸的修改。

在模板设定尺寸的相对应位置,可与幅面中的箭头标识相对应,要注意是在前片还是后片,其中身长为产品后幅成品侧颈点到底边的距离,肩阔为前后衣片缝合后两个肩点之间的距离,而不是前后片幅面肩点间的距离,胸阔为前胸阔成品尺寸,输入尺寸时要注意。

前后领底平位尺寸一般成品规格不会给出,需根据产品的领深和领阔尺寸综合确定。同样,上夹位置的尺寸也不会给出,要根据产品的具体款式来确定,通常为 5～7.5cm(2～3 英寸),如入夹款式通常比较宽松,取值可小一些,而弯夹款式较紧身,取值稍大一些。

袖子尺寸的修改,主要是袖尾尺寸的输入,对于平膊、斜膊和入夹产品袖尾尺寸是袖顶平位尺寸的一半,但是不同的款式会有所不同,对于西装膊弯夹产品,袖尾尺寸是整个袖顶平位尺寸,而不是一半。袖尾可以用尺寸来表示,也可以用表达式来表示。袖顶平位尺寸通常成品尺寸没有,一般至少要 2.5cm(1 英寸)。

三、表达式修改

表达式菜单的作用主要是将成品尺寸和各幅面的生产尺寸联系起来,并在各幅面的尺寸间建立联系。羊毛衫下数纸的表达式菜单界面如图 3－39 所示。

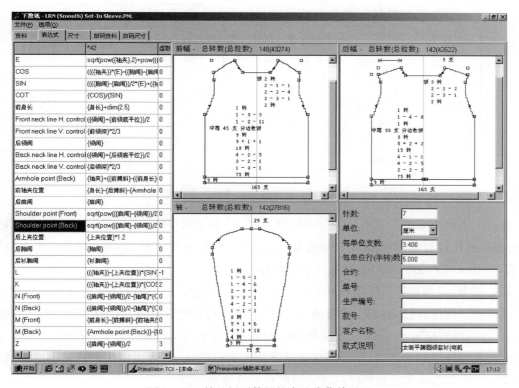

图 3－39　羊毛衫下数纸的表达式菜单界面

澎马系统的模板中,袖窿部位有劈势的存在,但很多羊毛衫企业并不生产这种产品,和服装纸样中的原型打版要对原型进行修改一样,这里也要对模板的劈势形状进行修改,此修改需要在表达式和图形中进行,可将图形中肩点下的劈势点删除,再将表达式中 shoulder point(front)和 shoulder point(back)值进行修改,使其与上夹位置控制点的对应横向尺寸值相等。前后幅劈势的去除前后图片分别如图 3 - 40 和图 3 - 41 所示。

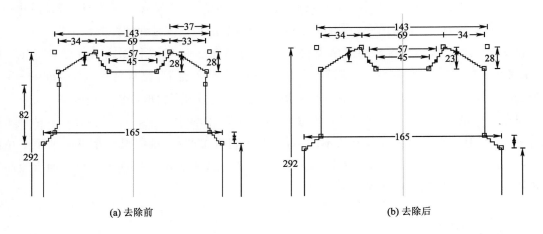

(a) 去除前   (b) 去除后

图 3 - 40　前幅劈势去除前后的图片

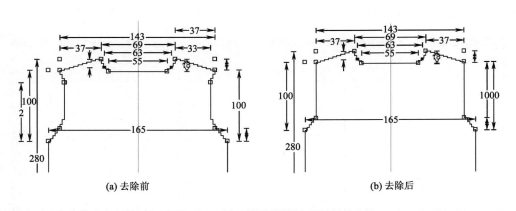

(a) 去除前   (b) 去除后

图 3 - 41　后幅劈势去除前后的图片

表达式中袖山高表达式根据三角形计算所得,其中 α 角(图中无显示)为袖中线倾斜角的余角,表达式比较复杂,但实际生产中往往比较简单,如对于弯夹产品,袖山高等于上夹位置的 2 倍左右,而入夹产品的袖山高则等于上夹位置。

表达式中,前身长等于后身长成品尺寸加 2.5cm,但实际生产中可能会相等,所以要根据实际情况修改。同样,后胸阔等于前胸阔尺寸,但是有的毛衫前后胸阔会有所不同,如将前胸阔加大 1cm,后胸阔相应减小 1cm,从而使侧缝线留在羊毛衫的反面,在正面看不到缝的存在,这项修改需与尺寸修改结合进行,先将前胸阔尺寸加大 1cm 输入,再将表达式中后胸阔改为前胸阔减去 2cm。后衫脚阔和前衫脚阔修改的原理和胸阔修改相同。

表达式中后上夹位置等于前上夹位置的 1.2 倍,但有些情况是两者相等,所以应根据实际情况对表达式进行修改。不同修改库文件表达式如图 3 - 42、图 3 - 43 所示。

E	{上夹位置}*1.9
COS	(((({袖夹})*{E}-({胸阔}-{肩阔})/2*{袖夹})/(pow({袖夹},2)+pow(({胸阔}-{肩阔})/2,2)))
SIN	((({胸阔}-{肩阔})/2*{E}+{袖夹}*{袖夹})/(pow({袖夹},2)+pow(({胸阔}-{肩阔})/2,2)))
COT	{COS}/{SIN}
前身长	{身长}+dim(1)
后领阔	{领阔}
Back neck line H. control	({领阔}+{后领底平位})/2
Back neck line V. control	{后领深}*2/3
Armhole point (Back)	{袖夹}+({前膊斜}-({前身长}-{身长})-{后膊斜})/2
前袖夹位置	{身长}-{后膊斜}-{Armhole point (Back)}
后肩阔	{肩阔}
Shoulder point (Front)	sqrt(pow(({肩阔}-{领阔})/2,2)+pow(({前膊斜}-({前身长}-{身长})+{后膊斜})/2,2)-pow({前膊斜},2))
Shoulder point (Back)	sqrt(pow(({肩阔}-{领阔})/2,2)+POW(({前膊斜}-({前身长}-{身长})+{后膊斜})/2,2)-pow({后膊斜},2))
后上夹位置	{上夹位置}
后胸阔	{胸阔}-0.7525
后衫脚阔	{衫脚阔}-0.7525
L	(({袖夹})-{上夹位置})*{SIN}
K	(({袖夹})-{上夹位置})*{COS}
Z	({肩阔}-{领阔})/2
袖尾	{袖夹}-{上夹位置}*1.9

图 3 - 42 弯夹对膊修改库文件表达式

前身长	{身长}+dim(0.5)
Front neck line H. control	({领阔}+{前领底平位})/2
Front neck line V. control	{前领深}*2/3
后领阔	{领阔}
Back neck line H. control	({领阔}+{后领底平位})/2
Back neck line V. control	{后领深}*2/3
Armhole point (Back)	{袖夹}+({前膊斜}-({前身长}-{身长})-{后膊斜})/2
前袖夹位置	{身长}-{后膊斜}-{Armhole point (Back)}
后肩阔	{肩阔}-0.5
Shoulder point (Front)	({肩阔}-{领阔})/2
Shoulder point (Back)	({后肩阔}-{领阔})/2
后上夹位置	{上夹位置}
后胸阔	{胸阔}-0.5
后衫脚阔	{衫脚阔}-0.5
Z	({肩阔}-{领阔})/2
Z1	({后肩阔}-{领阔})/2
E	{Armhole point (Back)}*0.95
袖尾	{前身长}-{前袖夹位置}-{Armhole point (Back)}

图 3 - 43 弯夹西装膊修改库文件表达式

尺寸和表达式修改好后,窗格中的织法方案会相应自动调整,做好后将该款式其他尺寸输入放码表进行放码,最后可以将各尺码的生产编织方案打印出来,便于生产使用。

四、各类产品的尺寸与表达式修改

1.入夹对膊产品的尺寸与表达式修改 入夹对膊产品修改后库文件前、后幅及袖片板型如图 3 - 44 所示,按如下步骤修改。

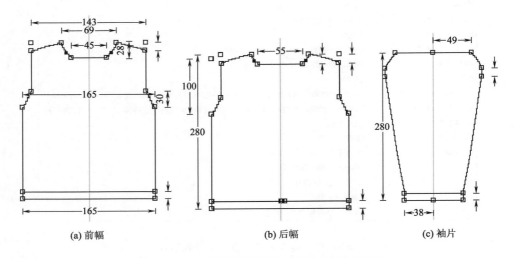

(a) 前幅　　　　　　　　(b) 后幅　　　　　　　　(c) 袖片

图 3 - 44　入夹对膊产品前、后幅及袖片板型图

(1)将劈势点删除,在修改库文件表达式中点选"Z",在前幅中相应的尺寸会变蓝,将该尺寸选用复制表达式,复制到左右单肩阔及上夹位置尺寸对应的两点,如图 3 - 45 所示。

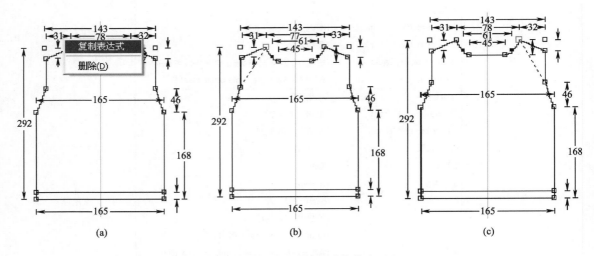

(a)　　　　　　　　　　(b)　　　　　　　　　　(c)

图 3 - 45　入夹对膊前幅劈势修改过程

(2)将表达式中"后上夹位置 = ｛上夹位置｝×1.2"改为"后上夹位置 = ｛上夹位置｝",将尺

寸表中的上夹位置尺寸 3 改为 7~9 之间的数值。

（3）将表达式中袖山高 E 的公式改为 $E=$ 上夹位置，将表达式 L 和 K 对应的节点删除，将尺寸表中袖尾尺寸删除，在表达式中增加袖尾 = ｛Armhole point（Back）｝-｛上夹位置｝。入夹对膊产品的袖尾表达式修改界面如图 3-46 所示。相应的袖片库文件修改前后的袖片板形如图 3-47 所示。

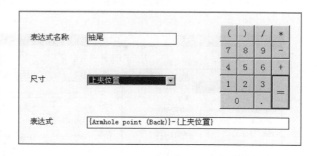

图 3-46　入夹对膊产品的袖尾表达式修改界面

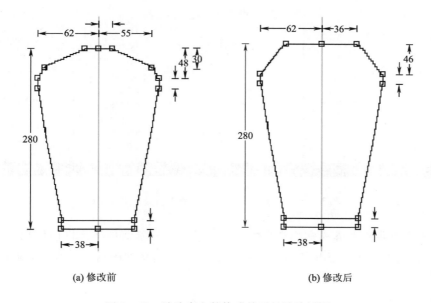

(a) 修改前　　　　　　(b) 修改后

图 3-47　袖片库文件修改前后的袖片板形

（4）可在表达式中对前后身长与胸阔的差异进行调整。身长表达式修改前后的界面如图 3-48 所示。

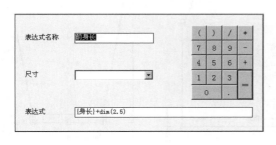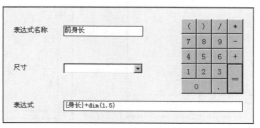

(a) 修改前界面　　　　　　(b) 修改后界面

图 3-48　身长表达式修改前后的界面

入夹对膊方领短袖修改库文件的界面如图 3－49 所示。

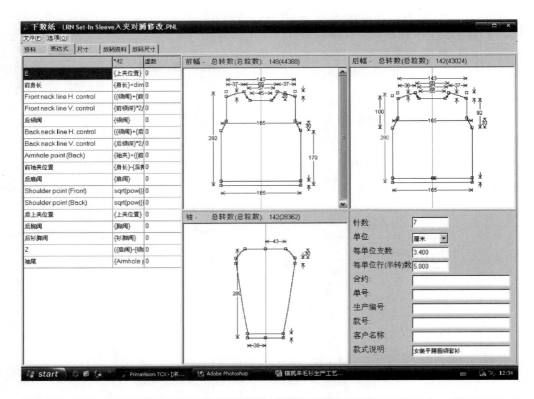

图 3－49　入夹对膊方领短袖修改库文件的界面

2. 弯夹对膊产品的表达式与尺寸修改　弯夹对膊产品修改后库文件前后幅及袖片板型如图 3－50 所示,其表达式的修改基本与入夹产品相同,只是将袖山高 E 的表达式修改为 $E=\{$ 上

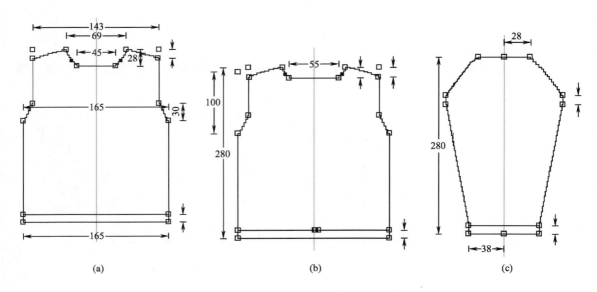

(a)　　　　　　　　　　(b)　　　　　　　　　　(c)

图 3－50　弯夹对膊产品前后幅及袖片板型图

夹位置｝×α(1>α>2)，袖尾的表达式改为袖尾={Armhole point(Back)}−{上夹位置}×α
(1<α<2)，式中α的值在1~2之间，要在表达式中输入α的具体数值，例如取2，则表达式为
袖山高 E={上夹位置}×2，袖尾={Armhole point(Back)}−{上夹位置}×2。对于下面例子
中的方领可以在尺寸表中进行设定。如图3−51所示。

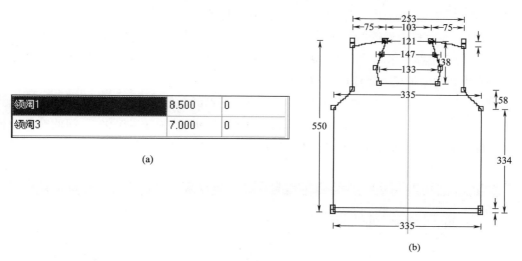

图3−51　方领在尺寸表中的设定

弯夹对膊方领短袖修改库文件如图3−52所示。

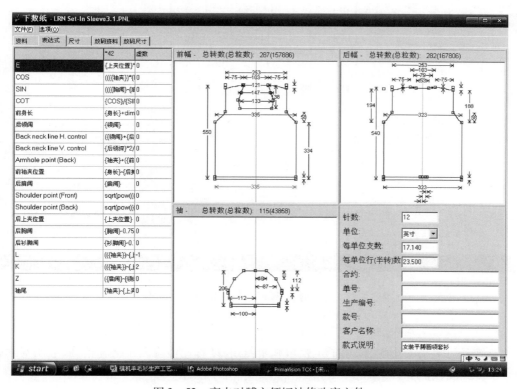

图3−52　弯夹对膊方领短袖修改库文件

3.西装膊(入夹、弯夹)产品的表达式与尺寸修改 表达式与尺寸的修改基本上与对膊产品相同,其不同点有如下几项。

(1)将前胸阔、衫脚阔、前肩阔均大于后幅相应尺寸,可在表达式中令{后肩阔}={肩阔}-0.5英寸,其他后胸阔和后衫脚阔相同。

(2)在表达式中增加袖尾={前身长}-{前袖夹位置}-{Armhole point(Back)}。

(3)前幅在表达式中点选"Z",将该尺寸选用复制表达式复制到左右单肩阔及上夹位置尺寸对应的两点,后幅新增 Z1 =({后肩阔}-{后领阔})/2,并将该尺寸选用复制表达式复制到左右单肩阔及上夹位置尺寸对应的两点。

(4)在尺寸表中,输入前膊斜为0,后膊斜为成衣膊斜的2倍。

(5)表达式中,E = {Armhole point(Back)}×0.9~0.95,在 0.9~0.95 之间取具体数值输入。弯夹西装膊圆领短袖修改库文件的界面如图 3-53 所示。

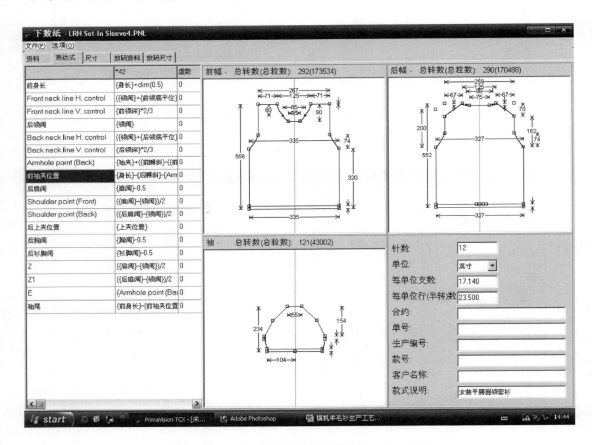

图 3-53 弯夹西装膊圆领短袖修改库文件的界面

尖膊及马鞍膊款式表达式与尺寸的修改及生产相差不大,而且考虑到袖尾走前走后对前后幅长度及领开口大小的影响,采用了正弦角和余弦角,计算比传统人工估算精确,且比实际打纸样测量长度速度快。

第五节　羊毛衫自建下数纸

一、方框文件的获得

根据生产需要,某些特殊款式或生产批量较大的款式可以自行建立款式模板库,以便进行下数纸设计。自建模板库通常是在方框文件的基础上进行,方框文件通过打开一个库模板文件,将衫脚和袖口以外的部分删除或者用新增矩形来获得。图 3－54 所示为一个羊毛衫下数纸的方框文件。

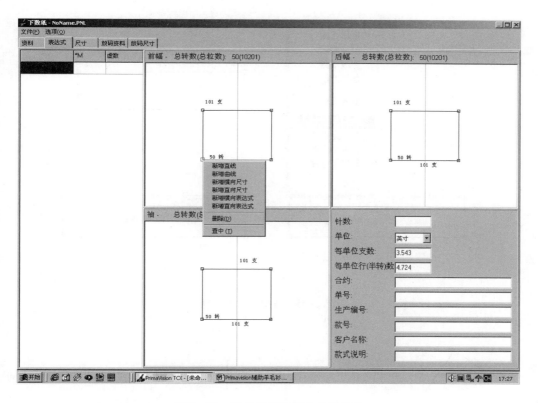

图 3－54　羊毛衫下数纸的方框文件

打开方框文件,将选项中的允许进阶修改命令打开,在窗格图形中用分割直线、新增直线、新增尺寸、新增表达式、复制尺寸、复制表达式、删除、置中、反射和对齐等命令对方框文件进行编辑,生成需要的下数纸文件。

二、各类产品的尺寸与表达式建立

1. 装袖羊毛衫下数纸库文件的建立

(1)菜单栏的"选项"中点选允许进阶修改(对勾标记)。

（2）在菜单栏的"文件"中打开 knit panel library 库文件。

（3）在幅面图形区按右键 – 放大率100%。

（4）在幅面图形区按左键拖动，先将下摆矩形以上部分框选为蓝色，按右键选择删除对象，这时三个幅面图形只剩下三个方框。再从选项中把织法显示关闭（点击取消对勾标记），将所有尺寸用左键点选成蓝色，按右键选择"删除"（将矩形上不需要的点也可以按此法删除）。

（5）点选后幅矩形上边（使该线段变蓝），按右键选择"分割至直线"（重复5次），如图3 – 55 所示。将该四点（图3 – 55 中左边的四点）拖动成后幅左半部分形状，将左面五点［图3 – 56（a）中左侧轮廓线上］框选，按右键选择"反射选取对象"，将不需要的线段左键点选，按右键选择"删除"，在需要连线的点上按右键，选"新增直线"，完成后幅基本形状，如图3 – 56 所示。

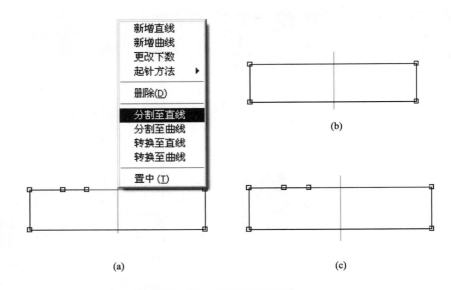

图 3 – 55　方框文件的处理

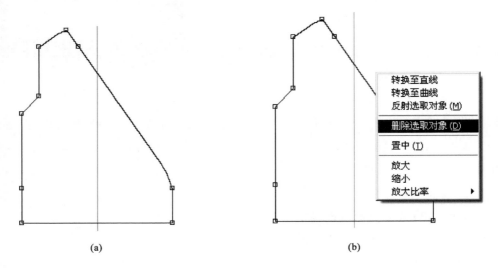

图 3 – 56

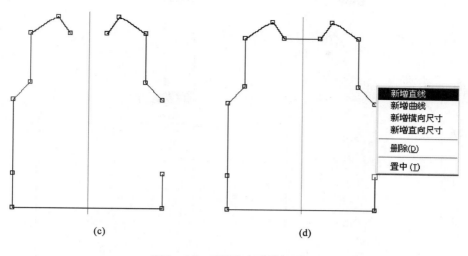

图 3 - 56　后幅基本形状的形成

(6)在需要增加横向尺寸的线段上点选其左端点,按右键选择"新增横向尺寸",再点击其右端点,输入尺寸名称,在尺寸表内输入尺寸数字(该尺寸以后可以在尺寸表中修改)。以此类推,增加所有横向尺寸(胸阔、领阔、衫脚阔、膊阔和领底平位等)。

(7)在需要增加纵向尺寸的线段上点选其下端点,按右键选择"新增直向尺寸",再点击其上端点,输入尺寸名称,在尺寸表内输入尺寸数字(该尺寸以后可以在尺寸表中修改)。以此类推,增加所有直向尺寸(衫长、衫脚高、夹阔、前领深、上夹位置等)。在同一幅面内,相同尺寸的部位可选择复制尺寸,步骤为从选项中把编织法显示关闭,点击该尺寸(变蓝该尺寸),按右键选择"复制尺寸",点击要使用该尺寸的相应两点。图 3 - 57 所示为后幅尺寸建立的基本过程。

(8)前幅尺寸建立的过程与后幅类似。如果与后幅有相同的尺寸,输入相同的尺寸名称,可建立前后幅尺寸的相互联系。

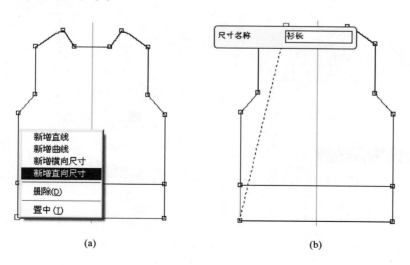

图 3 - 57

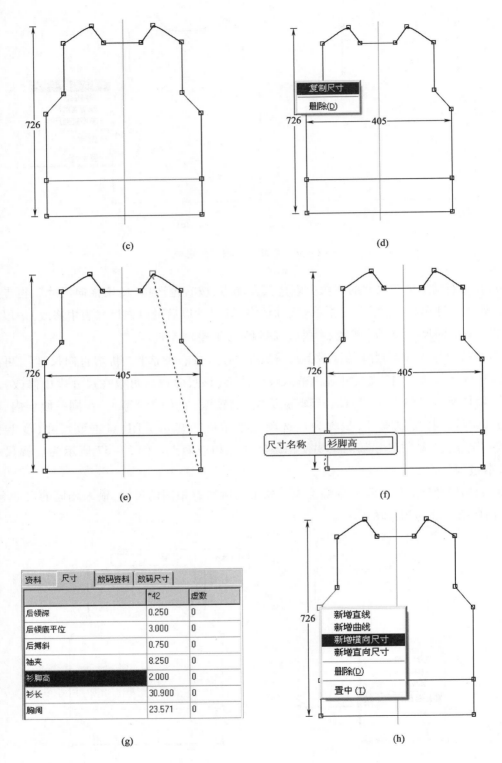

图 3 – 57

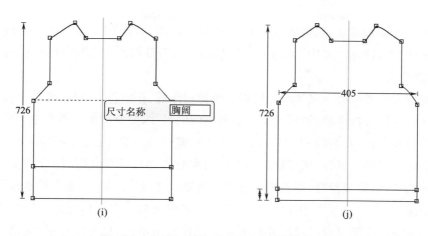

图 3 - 57　后幅尺寸建立的基本过程

（9）也可以通过表达式建立各幅面及幅面内尺寸的联系，按"Ctrl + Alt + F"，出现表达式栏，后面的步骤与尺寸建立类似，选择"新增横（直）向表达式"，在对话框内输入表达式名称（注意不可与尺寸名称重复）。在尺寸下拉菜单中点选尺寸名称，在右键盘选数字和数学运算符号，按" = "确认表达式（按"ESC"键取消操作），如图 3 - 58 所示。

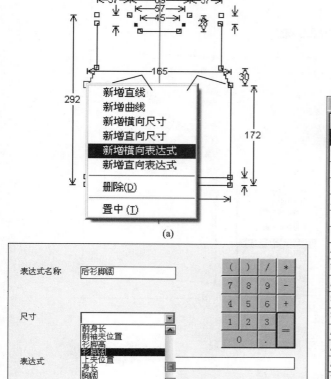

图 3 - 58　表达式输入基本过程

（10）所有三个幅面建立完成后，要将各尺寸略作修改，看所建立的库文件是否正确，若发现变形，可用框选工具框选"置中"、"对齐"等进行修正，若变形严重，说明建立的下数纸库文件有误，需要重新建立。

2. 板型对称与变形情况　在编辑的过程中要特别注意，在编辑完成后，要检查每一个尺寸。将每一个尺寸的数值进行修改，如修改完衫长和胸阔的尺寸，要看图形是否发生变形，如果发生变形则表示模板建立错误，需检查和修改，特别是衫脚和袖口部位，是比较容易产生变形的部位。除了变形的问题要注意外，还有幅面图形的对称性。当尺寸变化时，图形的左右部分是否同时发生相同的变化，如果没有，则表明没有进行复制尺寸操作。另外，也要检查前后幅面和袖幅面的关联情况，当某一关联尺寸变化时，是否三个幅面同时发生变化，如果没有，表明需建立表达式之间的关联。变形可以通过尺寸和表达式的修改来解决，也可以通过"对齐"和"置中"等功能来修改，如图 3-59 所示。

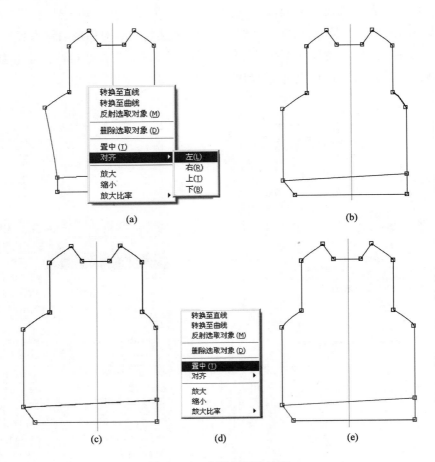

图 3-59　变形幅面的处理

下面以弯夹对膊产品为例介绍自建模板库文件。

图 3-60 所示为弯夹对膊幅面尺寸图，后幅除后领底平位、后肩斜、后领深是单独尺寸外，衫脚高、夹阔均与前幅相等，采用相同名称输入，尺寸保持相同。而除了图中所有标注尺寸外，

其他部位尺寸的控制全部通过表达式进行,如后领阔、后胸阔、后衫长、后肩阔、后上夹位置和后单肩阔等尺寸。袖子除袖山高、袖尾部位尺寸是表达式控制外,其他尺寸为单独尺寸。

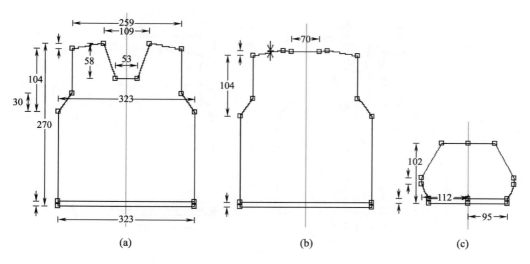

图 3-60　弯夹对膊产品自建模板库文件形式一幅面尺寸控制部位图

　　图 3-60 所示为未打开表达式菜单显示的前后幅和袖幅的图形,图 3-61 中为打开表达式菜单后显示的图形。比较图 3-60 和图 3-61,可以看出各部位分别由尺寸与表达式控制的情况。上述图形是先建立前幅后建立后幅和袖幅的,根据一般生产习惯,除了马鞍膊款式外,应该先建立后幅,再建立前幅和袖幅,建立方法与先建立前幅的方法相同。在建立幅面过程中,复制尺寸可以与表达式达到相同的效果。但是从库文件的适用面看,采用表达式的方法适用面较广。对于一般款式,尺寸相同的部位尺寸,如衫脚高,可以采用复制尺寸,而对于胸阔、衫长、肩阔、领阔、上夹位置等,常采用建立表达式的方法。可以根据不同款式的要求,用表达式对库文件进行调整。

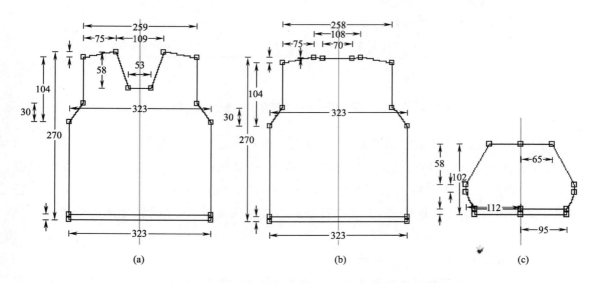

图 3-61　弯夹对膊产品自建模板库文件形式一(前后幅和袖幅)

库文件中建立尺寸与表达式不一定完全相同,方法有多种,只要结果是正确的,都可以使用。如图 3-62 和图 3-63 所示,为两种建立方法的对比。

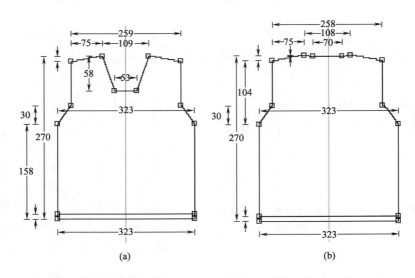

(a)　　　　　　　　　　(b)

图 3-62　弯夹对膊产品自建模板库文件的形式二(前后幅)

Z	(({肩阔}-{领阔})/2
后身长	{衫长}
后领阔	{领阔}
后上夹位置	{上夹位置}
后肩阔	{肩阔}
后胸阔	{胸阔}
后衫脚阔	{衫脚阔}
袖尾	{袖夹}-{上夹位置}*2
E	{上夹位置}*2

(a)

Z	(({肩阔}-{领阔})/2
后身长	{衫长}
后领阔	{领阔}
后上夹位置	{上夹位置}
后肩阔	{肩阔}
后胸阔	{胸阔}
后衫脚阔	{衫脚阔}
袖尾	{袖夹}-{上夹位置}*2
E	{上夹位置}*2
夹下高度	{后身长}-{袖夹}-{后膊斜}

(b)

图 3-63　弯夹对膊产品自建模板库文件形式一和形式二的表达式菜单

图 3-62 和图 3-61 的区别是夹阔没有采用复制尺寸,而是将前幅的夹下高度用表达式来表示,其数值为后幅衫长减去夹阔和后肩斜,这样可以保证前后幅的夹下高度相等。因此,可以看出库文件建立方法有多种,采用较好的方案建立的库文件适用性广,效果好。图 3-63 的表达式中 Z 为单肩阔,E 为袖山高,上夹位置为前后幅收夹高度,袖尾为袖尾所剩针数的一半尺寸。

自建下数库举例如图 3-64 所示。

3. 插肩袖羊毛衫下数库文件的建立　尖膊产品下数库文件的建立可以在弯夹对膊产品下

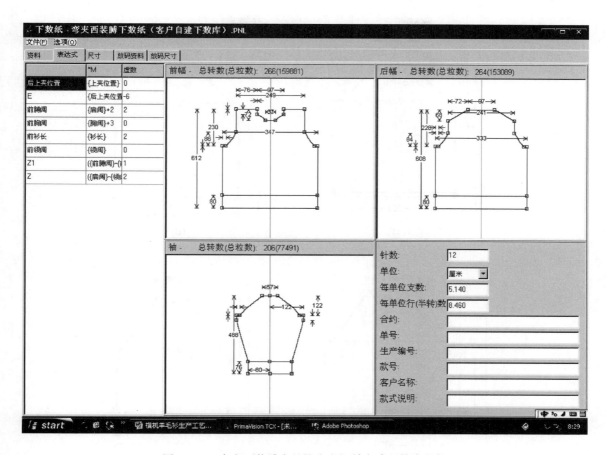

图 3 - 64　弯夹西装膊产品按客户订单自建下数库文件

数库文件的基础上进行修改建立,如图 3 - 65 ~ 图 3 - 67 所示。此外,也可以在方框文件的基础上重新建立,方法有多种。如弯夹对膊产品下数库文件的建立方法。不同的企业计算方法和习惯不同,尺寸表与表达式表不会完全相同,只要生产出的产品符合要求,就是正确的,但建立的下数库文件有适用面大小的不同。

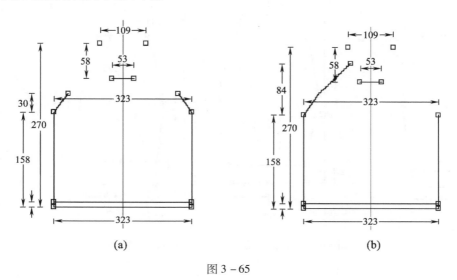

(a)　　　　　　　　　　　　　　(b)

图 3 - 65

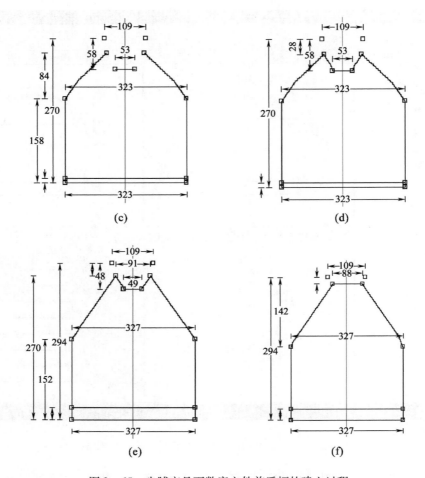

图 3 - 65 尖膊产品下数库文件前后幅的建立过程

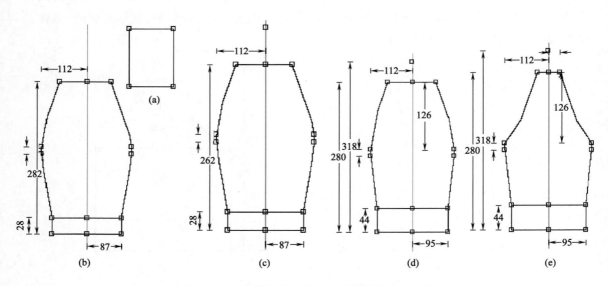

图 3 - 66 尖膊产品下数库文件袖幅的建立过程

后身长	{衫长}
后领阔	{领阔}
后胸阔	{胸阔}
后衫脚阔	{衫脚阔}
前领口开口	{领阔}-dim({走后})*2
后领口开口	{领阔}-dim(1.5)*2
夹下高度	{后身长}-{夹阔}
袖长(实)	{袖长}-{领阔}*1/2
E	{夹阔}-{走后}
袖尾	({走前}+{走后})/2

图 3 - 67　尖膊产品下数库文件表达式

尖膊产品下数库文件表达式中"dim(走后)"限定走后尺寸的单位为厘米,即使工艺单中的尺寸单位为英寸,该表达式中会将其转换成厘米,即该尺寸不受工艺单尺寸单位的影响。前(后)领口开口为前(后)片衣片领阔尺寸,而前后领阔则为前后片与袖片缝合后成品领阔的尺寸。袖长(实)为实际袖子长度,由于尖膊产品通常袖长是从后领中测量至袖口,因此袖长(实)尺寸要用袖长成品尺寸减去领阔的一半。尖膊的计算顺序仍为从后幅到前幅,因此夹阔尺寸通常标注在后幅。前幅的夹下高度等于后幅夹下高度,等于后身长与夹阔的差值。袖子的袖山高与后幅收夹的高度相等,即等于夹阔与袖子袖尾走后高度的差值,而袖尾则为袖子走前走后的平均值。

马鞍膊产品下数库文件的建立可以在弯夹对膊产品下数库文件的基础上进行修改建立,也可以在尖膊产品自建下数库文件的基础上进行修改建立,还可以在方框文件的基础上重新建立,方法有多种。与尖膊产品下数库文件的建立类似,不同企业计算方法和习惯不同,尺寸表与表达式表不会完全相同,只要生产出的产品符合要求,就是正确的,但建立的下数库文件同样也有适用面大小的问题。马鞍膊产品下数库文件建立的方法之一如图 3 - 68 和图 3 - 69 所示。

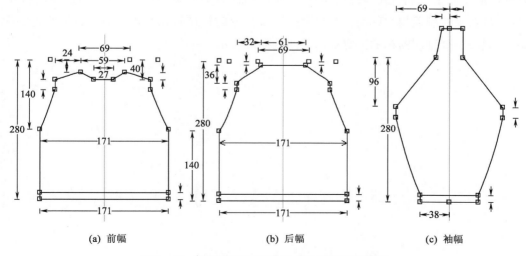

(a) 前幅　　　　　(b) 后幅　　　　　(c) 袖幅

图 3 - 68　马鞍膊产品下数库文件前后幅和袖幅

前身长	{身长}
后胸阔	{胸阔}
后衫脚阔	{衫脚阔}
C	10
前领口开口	{领阔}-1.5*2
后领口开口	{领阔}-1.25*2
单膊阔	{C}-0.5
后膊收针高度	{C}*0.727
夹下高度	{前身长}-{夹阔}
E	{身长}-{夹下高度}-{后膊收针高度}-{走后}

图 3-69 马鞍膊产品下数库文件表达式

图 3-69 中,马鞍膊产品下数库文件表达式中 C 为前幅担干尺寸,由于马鞍膊产品前后幅在肩部均无肩线,而是将装袖产品前后片的一部分转移到袖片的部分,即袖尾部分,因此前后幅与袖幅在此部位的对位缝合,对于马鞍膊产品的生产十分重要。马鞍膊产品的核心主要是前幅单肩阔尺寸的确定,该尺寸根据生产经验,一般在 10cm(4 英寸)左右,具体情况具体分析,可根据实际款式,绘制出纸样,根据纸样测量该部位尺寸。前后领口开口中的 1.5cm 和 1.25cm 分别为通过绘制前后领口曲线测量所得,也可以根据走前走后尺寸进行估算。单膊阔为后幅单膊阔,因为后幅有收膊,为与袖子的袖尾较好对合,该尺寸要小于前幅担干尺寸 C,根据后膊收针高度的大小来综合确定。根据生产经验,通常后膊收针高度与前幅单膊阔尺寸 C 之间的系数可取经验常数 0.727,则后膊收针的倾斜角便可以确定;可根据三角函数以及袖尾的对位缝合关系估算单膊阔,或者直接绘制纸样测量得出单膊阔与前幅担干尺寸 C 之间的关系。袖子的袖山高等于后幅的夹上高度与后膊收针高度的差值,即后幅收夹高度与直位的尺寸之和。由于马鞍膊产品不同于其他款式,其计算顺序是从前幅计算到后幅,原因马鞍产品是通过前幅担干尺寸的确定,来控制后幅收膊高度和单膊阔以及袖幅的袖尾直向长度,因此夹阔尺寸是标注在前幅,后幅夹下高度用前幅的前身长与夹阔的差值表示。

第四章　智能 CAD 系统下数功能说明

第一节　制单资料输入

制单资料输入界面见图 4-1，输入尺寸表量度方法可以采用下拉菜单选取，使用方便快捷，如果下拉菜单中没有所需要的文字，可以将文字直接输入，图中"吋"为"英寸"。

制单资料	字码及平方	放码及尺寸	下数	工序工时	缝合说明							

开单日期 2006-04-19　出办限期 2006-04-19

生产编号 S1245622
系列
款式编号 DE34222
客户备考编号
客户名称 SKT
描述　选择
女装圆领平膊过膊针长袖开胸衫·全件14G单边

跟单
制单类别 齐码办　量度单位 厘米
针号 14　织机阔度 36 吋　总针数 504
缝盘针号 22　缝毛 原身毛，2 条缝
毛料

下数师傅 SKT_INFO

图片	组合数量	毛料	组合毛料	辅料	组合辅料	尺寸表	成本	用料表

尺码设定　单位 ●厘米 ○英吋　　模式 ○相差 ●数值

	尺寸标签	量度方法	36	38	40	42	44	46	48
1	身长	膊顶度	55.00	56.50	58.50	59.50	61.50	63.50	65.50
2	胸阔	夹下1"度	39.00	40.50	42.00	43.54	45.50	47.50	49.50
3	下脚阔		41.00	42.50	44.00	45.50	47.50	49.50	51.50
4	袖长膊边度		61.00	61.00	62.00	62.00	63.00	63.00	64.00
5	袖咀高		5.00	5.00	5.00	5.00	5.00	5.00	5.00
6	袖阔		13.00	13.50	14.00	14.50	15.00	15.50	16.00
7	衫脚高		5.00	5.00	5.00	5.00	5.00	5.00	5.00
8	肩阔		32.00	33.00	34.00	35.00	36.50	38.00	39.00
9	领贴高		1.00	1.00	1.00	1.00	1.00	1.00	1.00
10	领阔		20.00	20.00	21.00	21.00	22.00	22.00	23.00
11	前领深		15.50	15.50	16.00	16.00	16.50	16.50	17.00
12	夹阔斜度		17.00	17.50	18.00	18.50	19.00	19.50	20.00
13	袖口阔		10.00	10.50	11.00	11.50	12.00	12.50	13.00
14	后领深	缝至缝	2.80	2.80	2.80	2.80	2.80	2.80	2.80
15	袖底长								
16	前中胸阔								
17	后中胸阔								
18	腰阔		46.00	46.00	46.00	46.00	46.00	46.00	46.00
19	腰距		41.70	41.70	41.70	41.70	41.70	41.70	41.70
20	膊斜		3.00	3.00	3.00	3.00	3.00	3.00	3.00

毛料表：
A	1条 2/60支 100% MERCERIZED WOOL 丝光羊毛	Nm
B		
C		
D		
E		
F		
G		

图 4-1　制单资料输入

一、款式描述

可以直接打字输入，也可以通过点击"选择"按钮在资料库中的款式中选择，如图 4-2 所示。图中最右一列为针织物组织名称的企业用语，毛衫专业名词企业用语和书面语的对照见附录。

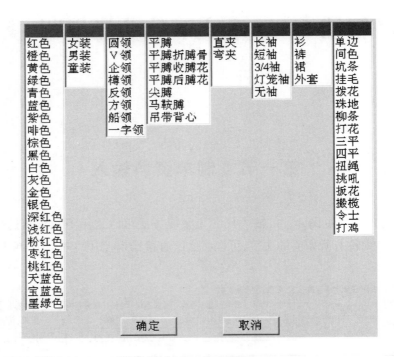

图 4-2 款式描述

二、组合数量

主要是同一下数工艺单中颜色数量组合的分类以及每种颜色每种尺码的产品数量见图 4-3。

图片	组合数量	毛料	组合毛料	辅料	组合辅料	尺寸表	成本	用料表

<table>
<tr><td colspan="9" align="right">数量单位 打 ▼</td></tr>
<tr><th>组合</th><th>组合名称</th><th>36</th><th>38</th><th>40</th><th>42</th><th>44</th><th>46</th><th>48</th></tr>
<tr><td>1</td><td>黑色</td><td>20</td><td>30</td><td>30</td><td>30</td><td>20</td><td>20</td><td>20</td></tr>
<tr><td>2</td><td>白色</td><td>20</td><td>30</td><td>30</td><td>30</td><td>20</td><td>20</td><td>20</td></tr>
<tr><td>3</td><td>橙色</td><td>10</td><td>30</td><td>30</td><td>30</td><td>20</td><td>20</td><td>10</td></tr>
<tr><td>4</td><td>粉红色</td><td>20</td><td>30</td><td>30</td><td>30</td><td>20</td><td>20</td><td>20</td></tr>
<tr><td>5</td><td>蓝色</td><td>20</td><td>30</td><td>30</td><td>30</td><td>20</td><td>20</td><td>20</td></tr>
<tr><td>6</td><td>紫色</td><td>10</td><td>30</td><td>30</td><td>20</td><td>20</td><td>20</td><td>10</td></tr>
<tr><td></td><td></td><td></td><td></td><td></td><td></td><td></td><td></td><td></td></tr>
</table>

图 4-3 组合数量

每输入一个数值后,按回车"enter"键,光标自动跳到下一格等待输入。

三、毛料的输入

点击"毛料支数"下的方框按钮,自动弹出毛料支数对话框,见图 4-4,可以在其中直接输入或者在下拉菜单中选择。毛料此处指毛纱,其粗细程度的物理量为线密度(Tt),法定单位为特克斯(tex),企业习惯用公支(Nm),$1Nm = 1000/\text{tex}$。

图 4 - 4　毛料支数

点击"颜色"下的方框按钮会自动弹出颜色选择对话框,见图 4 - 5。

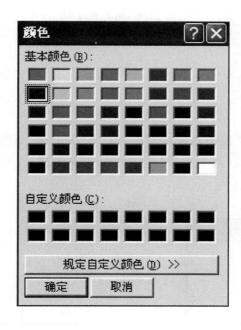

图 4 - 5　颜色

在"毛料"分页中输入订单中所有的毛料种类,见图 4 - 6,在"组合毛料"分页中输入订单中毛料是如何使用的,见图 4 - 7,例如订单中有 A 和 B 两种毛料,则组合毛料中可能有 1 条 A 毛料冚(kǎn,盖)和 1 条 B 毛料,也有可能是将 1 条 A 毛料和 1 条 B 毛料混毛,混毛的条数和混毛的方法可以根据实际订单更改。

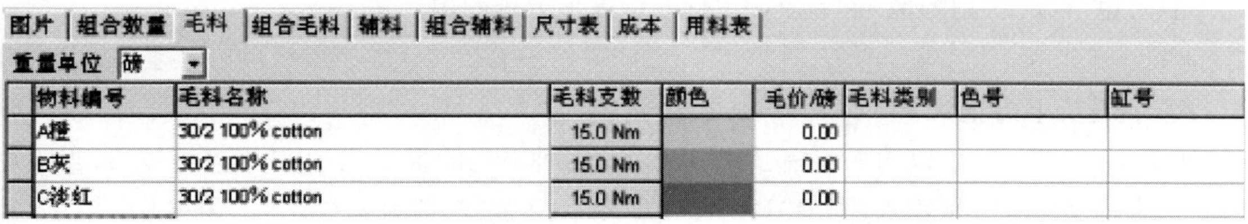

| 图片 | 组合数量 | 毛料 | 组合毛料 | 辅料 | 组合辅料 | 尺寸表 | 成本 | 用料表 |

重量单位 磅

物料编号	毛料名称	毛料支数	颜色	毛价/磅	毛料类别	色号	缸号
A橙	30/2 100% cotton	15.0 Nm		0.00			
B灰	30/2 100% cotton	15.0 Nm		0.00			
C淡红	30/2 100% cotton	15.0 Nm		0.00			

图 4 - 6　毛料种类

图片	组合数量	毛料	组合毛料	辅料	组合辅料	尺寸表	成本

COMBO1

A/1	毛料支数	毛料名称	颜色
A	7.5 Nm	2 条 30/2 100% cotton	
B	7.5 Nm	2 条 30/2 100% cotton	
C	7.5 Nm	2 条 30/2 100% cotton	

图 4 - 7　组合毛料

四、词汇

可以方便客户输入数据,避免打字不熟练的师傅的输入困难,见图 4 - 8。

五、图像

订单中的图片方便订单识别和资料库文件查找,可以在"图片"分页中"主图像"标签上按鼠标右键,在弹出的对话框中选择"汇入图像",来汇入在其他软件中编辑的图像,见图 4 - 9。

图 4 - 8　词汇

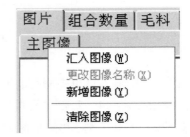

图 4 - 9　汇入图像

同理,也可以在"副图像"标签上按鼠标右键来汇入副图像。

六、字码及平方输入

如图 4 - 10 所示,可以输入前幅、后幅、袖以及各种下栏的组织、字码和平方等数值,当幅片有脚时,脚的字码要分别输入,图中"1 × 1 坑条"为 1 + 1 罗纹、隔针罗纹,"吋"为英寸。

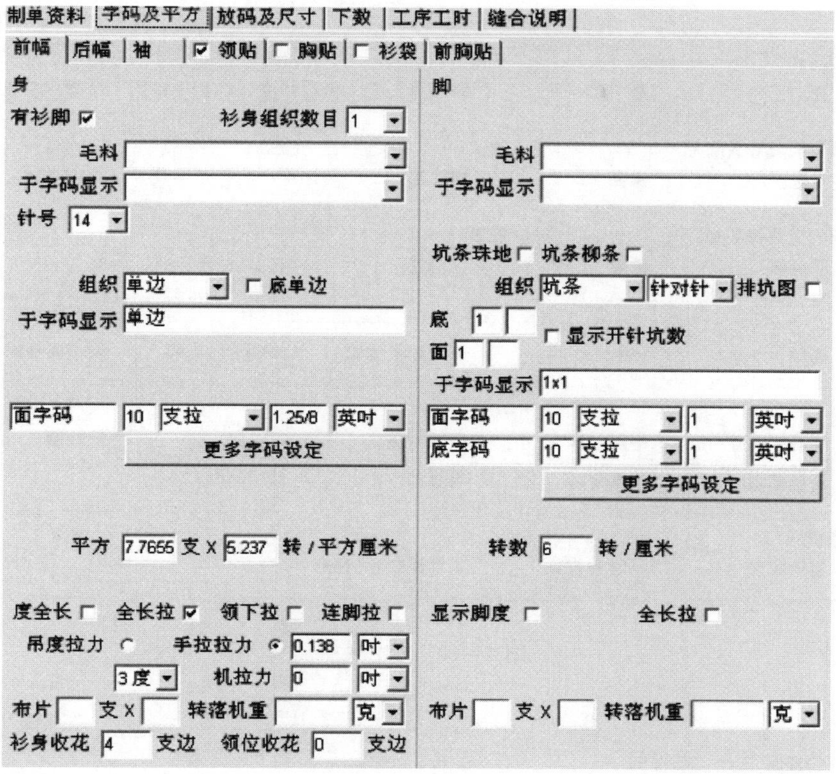

图 4 – 10　字码及平方输入

第二节　下数纸

一、款式选择

针对毛衫常见款式分类,点击相应的选择,则系统会调出相应的范本,此后的下数操作可以在范本上进行修改得到。如图 4 – 11 所示:

二、尺寸关系

软件中有三种尺寸定寸方法,见图 4 – 12。一种为客户尺寸,客户尺寸是订单中规定的成品尺寸。第二种为师傅尺寸,是在各个幅片中客户没有规定的某些部位尺寸,而制定幅片的下数工艺单,必须对该部分的尺寸进行定寸,在实际操作中由下数师傅给出的尺寸,例如袖尾、袖底平位等。第三种为方程式,是指有些尺寸不能直接用来做幅片的部位尺寸,必须经过公式换算才可以使用,例如袖口全阔、夹花高、袖山高等。

针对方程式的某一尺寸,可以在该尺寸上双击,弹出修改对话框进行修改,也可以在幅片中该尺寸部位右键单击,在弹出的菜单中选择"修改方程式"进行修改,见图 4 – 13。

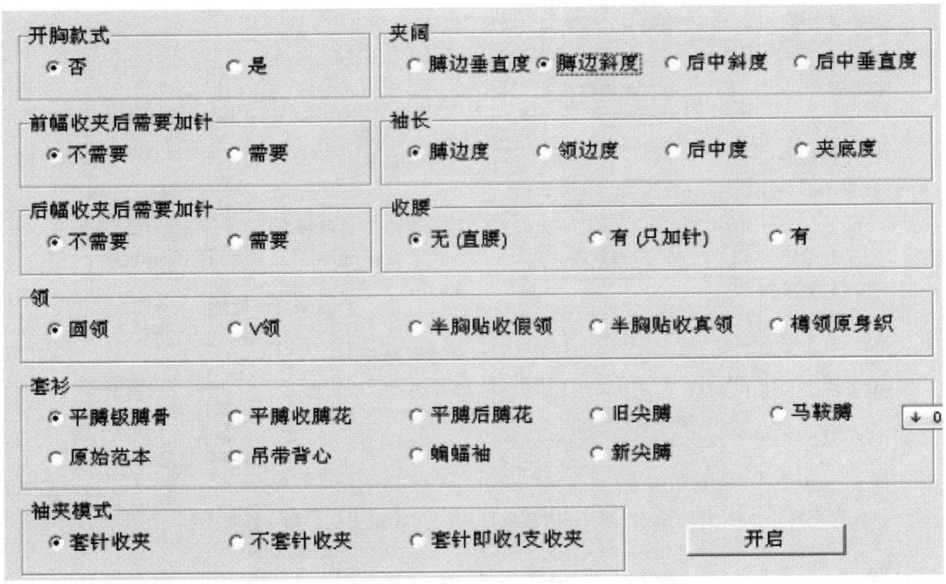

图 4 - 11　范本选择

	尺寸标签	算式
1	袖口全阔	袖口阔 *
2	袖全阔	袖阔 *2
3	夹花高	(胸阔 -)
4	前领底平位	领阔 *0.
5	后领底平位	领阔 *0.
6	袖尾缝合位置	袖尾 /2
7	腰位脚度上	身长 - 腰
8	实际袖长膊边度	袖长膊边
9	夹阔直度	sqrt(夹阔
10	实际夹阔直度	夹阔直度
11	袖山高	(实际夹

图 4 - 12　尺寸关系

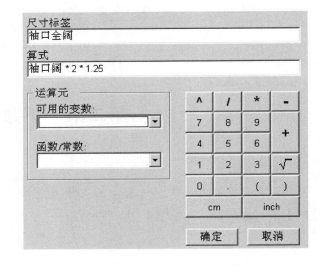

图 4 - 13　修改方程式

三、调整尺寸

用于幅片中某些部位尺寸调整,例如胸阔尺寸,前后幅片该尺寸是相同的,但是实际生产中,为了使侧缝在正面不被看到,通常会将前幅胸阔做大一些,而后幅胸阔则相应减小,该尺寸变化可以通过"调整尺寸"的功能来实现,将前幅的调整尺寸输入加大 1cm,后幅调整尺寸输入减小 1cm。以此类推,例如肩阔尺寸,由于毛衫的变形特性,通常会使该部位的成品尺寸发生变形,使该部位尺寸变大,因此在毛衫下数工艺单制定时,常对该部位尺寸做减小处理,该尺寸变化也可以通过调整尺寸功能进行。整个毛衫幅片所有的调整尺寸设定可以通过"调整尺寸"按钮来查看。某工艺单部分调整尺寸如图 4-14 所示:

	尺寸标签	M	前幅调整	实际尺寸	后幅调整	实际尺寸
1	胸阔	50.0	10 支	51.5	0 支	49.9
2	肩阔	40.0	-9 支	38.5	-9 支	38.5
3	身长	62.0	2 转	62.6	0 转	62.1
4	膞斜	3.0	0 转	2.9	0 转	2.9

图 4-14　调整尺寸查看

对某个调整尺寸进行调整,可以直接在该尺寸上按鼠标右键,在菜单中选择"调整尺寸"选项,然后可以输入厘米或支数对该尺寸进行调整。如图 4-15 所示:

可以通过主菜单"预设值"的"设定调整尺寸"选项来设定调整尺寸的最大调整范围,见图 4-16,来限定调整尺寸,防止调整尺寸超出预设范围,如果有尺寸超出该值,则系统会自动报警。

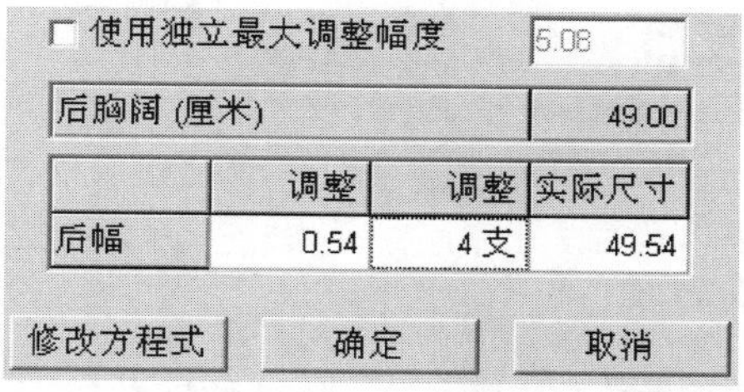

图 4-15　尺寸调整

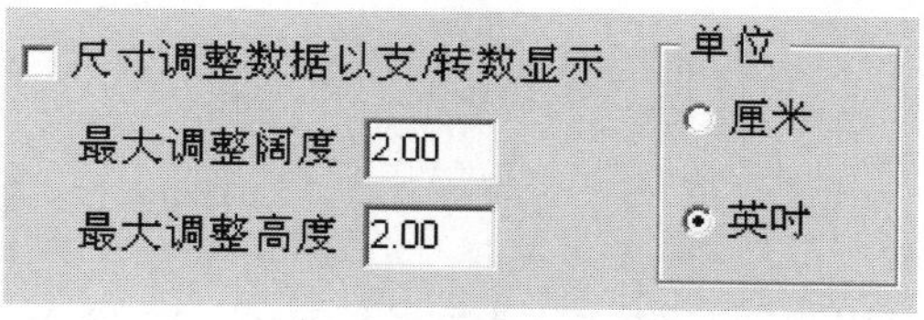

图 4-16　调整尺寸预设范围

"最大调整阔度"用来控制横向调整尺寸,见图 4-17,而"最大调整高度"用来控制直向调整尺寸,如果有个别尺寸需要超出这个限度,则可以单独设定。

在该尺寸上按右键,在弹出菜单中选择"调整尺寸",然后在对话框中将"使用独立最大调整幅度"勾选,并在后面的空格中输入最大调整范围限度数值。

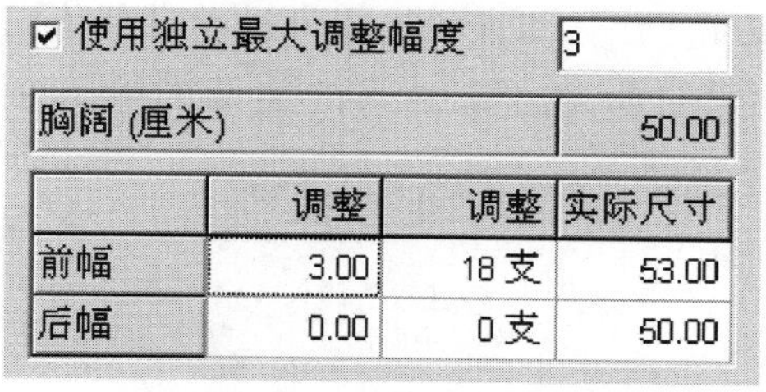

图 4-17　最大独立调整幅度

四、修改下数

针对下数工艺单各部位做详细的调整,例如起针方式、收针方法等,见图 4-18。在相应要修改的幅片的线段上按右键,选择"修改下数"则进行下数修改操作。

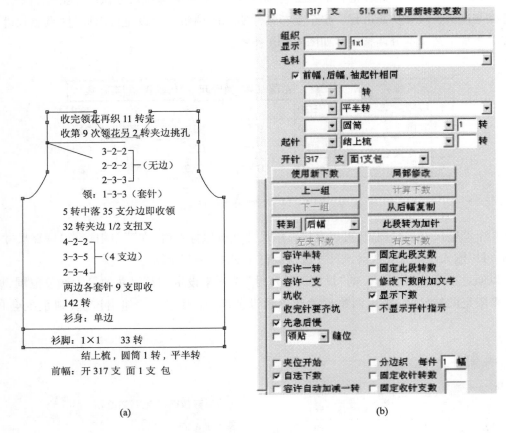

(a)   (b)

图 4-18　修改下数界面

可以更改开针方式为"面 1 支包"或"斜角等";可以选择上梳的方式,圆筒的转数以及在衫脚编织前的操作方法。

幅片中每一部位都可以通过点击"上一组"和"下一组"按钮在不同的部位进行切换,可以点击"上一组"按钮,在脚过衫身部位出现如图 4-19 所示对话框,选择脚过衫身的方式和缩针加针数值。其中下拉菜单的输入项,可以直接在下拉菜单中选取,也可以直接输入文字。

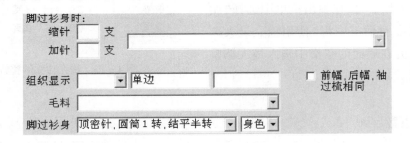

图 4-19　脚过衫身

在夹位和领位等收针方式见图 4 - 20,可以输入收针方式,如 1—3—?,2—3—?,2—2—?, 3—2—?,"?"也可以用"."来代替,然后点击"计算下数"按钮,系统自动计算收针方法,并显示 曲线形状,如图 4 - 21 所示,选择合适的曲线,点击"选择",则左侧工艺单的收针计算自动更改 为选择的数值。同时可以根据收针部位的情况,在后面的下拉菜单中选择"无边"或"4 支边" 等收针方式,最后点击"使用新下数"按钮,则幅片工艺单随之更改。

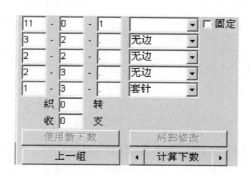

图 4 - 20 收针方式

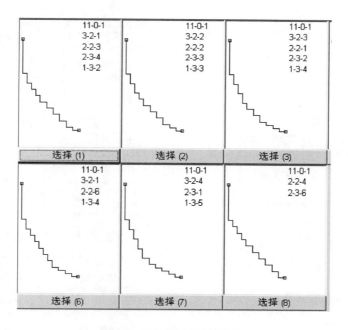

图 4 - 21 收针曲线选择

修改下数操作中还要注意"局部修改"功能的使用,当对某些部位进行局部修改,不希望对 其他部位的下数有影响时,可以采用该功能,例如在脚过衫身进行缩针操作时,如果衫脚为 317 支,需要衫脚比衫身大 10 支,输入缩针 10 支,若点击"使用新下数"按钮,则衫身会跟着减小 10 支,而不是衫脚增加 10 支,若想将衫脚变成 327 支,须点击"局部修改"而不是"使用新下数"按 钮。同样对于膊骨走后进行修改时,如图 4 - 22 所示,需要将前幅"袖尾缝合位置"尺寸加大,而后幅相应部位尺寸减小,在调整中若采用"使用新下数"按钮,则该部位尺寸的修改会影响其上面的尺寸,使上面的"膊斜"尺寸减小,若采用"局部修改"按钮,则只有"袖尾缝合位置"尺寸变化,其他尺寸不变。

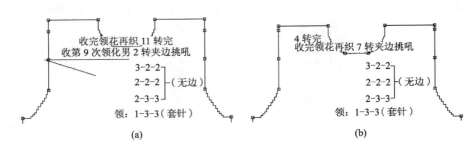

(a)　　　　　　　　　　　　　　　　　　(b)

图 4-22　局部修改

在下数工艺单制定时,若考虑到放码的需要,某些部位的尺寸不随尺码而变动,则须对该部位进行"固定"操作,固定可以整段固定,也可以对该段中某个局部进行固定,例如每个尺码的膊斜都相等,则须将"固定此段转数"勾选,如图 4-23 所示。

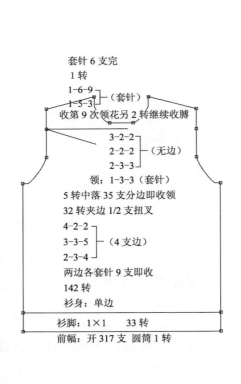

(a)

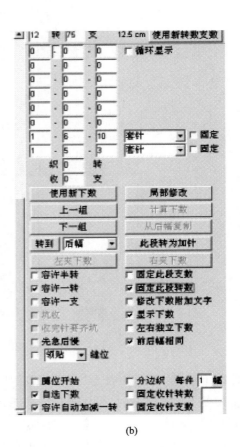

(b)

图 4-23　固定某段转数

此时不管哪个尺码下数工艺单,膊斜转数都为 12 转。

收夹部位收针方式的固定则采用了局部固定,如图 4 - 24 所示,即不同尺码的套收针数是固定的,都套收 9 支,同时即收 1 支无边,而后面的收针段数和方法则不固定,可以随尺码尺寸变化而变化。

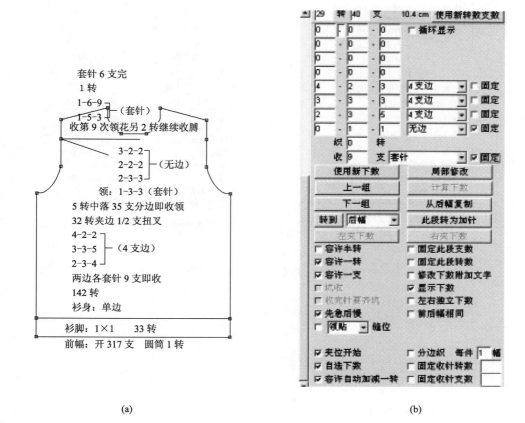

(a)　　　　　　　　　　　　　　(b)

图 4 - 24　固定套收和无边收针

五、下栏

领贴是常见的下栏,在"修改下数"对话框中可以设定领周长的计算方法。

如图 4 - 25 所示,利用"上一组"按钮,使前后幅领部位曲线变红,将"领贴缝位"勾选,"比率"可以为 1,也可以根据需要调整,例如此部位需要缩缝,则可以根据实际情况输入 0.9 等数值。将前后幅的收领和领底平位都进行上面操作后,在"师傅尺寸"中会自动增加一个"领贴长"的尺寸数值。

如图 4 - 26 所示,进入"缝合说明"后,系统会自动安排领贴的上盘尺寸缝合英寸数,上盘尺寸除了英寸,也可以用支数或厘米表示,只要选择"菜单 - 检视 - 缝合说明上盘尺寸",进行选择即可。

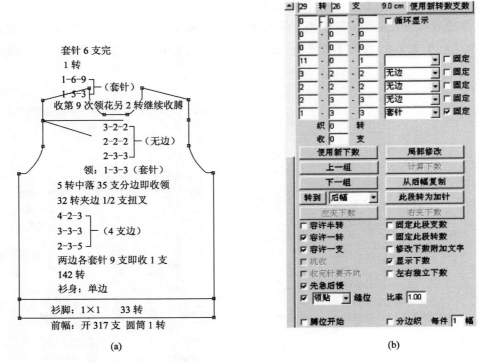

(a)　　　　　　　　　　　　　　(b)

图 4-25　领贴长尺寸计算方法设定

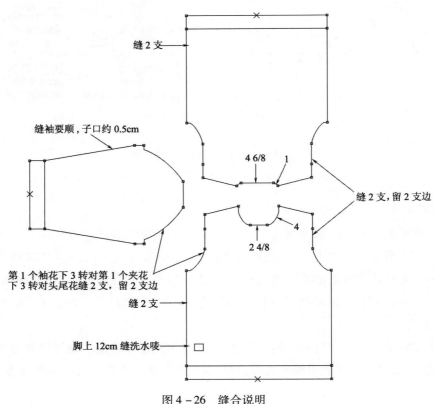

图 4-26　缝合说明

六、自定转数支数

下数工艺单通常要标明各段的转数和支数,在软件中可以通过"自定转数支数"来操作,在工艺单各幅面的线段交点上按鼠标右键,在弹出菜单中选择"新增直向转数",然后点击线段的另一交点,系统自动给出该线段的直向转数数值,同样可以通过选择"新增横向支数"来给出线段的横向支数数值,如图 4 - 27 所示。如果根据需要,在工艺单中不显示"自定转数支数",可以在主菜单"检视"的下拉菜单中,点击"自定转数支数检查数据"去除该项勾选即可。

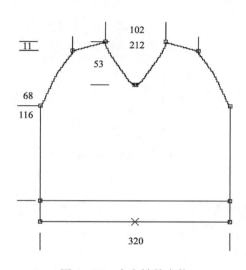

图 4 - 27　自定转数支数

七、下数分页

当一款订单下数幅面较多,一个下数分页放置有些拥挤,可以采用多个分页来放置,点击主菜单"检视"的下拉菜单中"新增下数分页"选项,可以增加下数分页,如图 4 - 28 所示,则最初的下数分页成为"下数主页",然后在下数主页的下数工艺单上按鼠标右键,在弹出菜单中选择"移至其他分页"的"下数分页 1"选项,当分页不止 1 页时,可以根据需要选择不同的分页。如果某下数分页不需要,要进行删除操作时,需注意将该下数分页上的所有下数工艺单移至其他下数分页,才可以将该下数分页删除,否则该选项为灰色,不能进行操作,从而保护下数分页上的工艺单,防止被误删。图 4 - 28 所示为某款女装开胸反樽领马鞍膊(分几幅织)长袖外套的下数主页和下数分页。

八、间色

点击主菜单的"间色"按钮,可以打开间色分页页面,进行间色的设定。

如图 4 - 29 所示,在间色分页可以设定间色循环的方法和放码时是否固定夹位、领位等的间色。

后幅全长拉 17 6/8 吋　　　　　　前幅全长拉 16 1/8 吋　　　　　　袖全长拉 19 6/8 吋

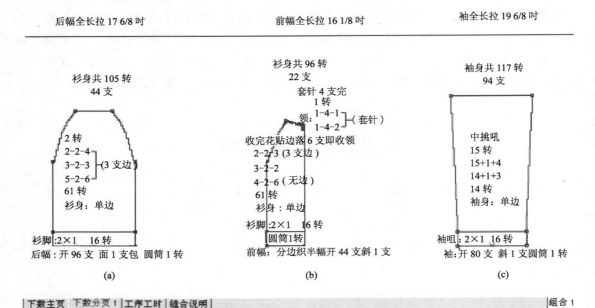

衫身共 105 转
44 支

2 转
2-2-4
3-2-3 }(3 支边)
5-2-6
61 转
衫身：单边

衫脚：2×1　16 转

后幅：开 96 支　面 1 支包　圆筒 1 转

(a)

衫身共 96 转
22 支
套针 4 支完
1 转
领：1-4-1 }(套针)
1-4-2
收完花贴边落 6 支即收领
2-2-3 (3 支边)
3-2-2
4-2-6 (无边)
61 转
衫身：单边

衫脚：2×1　16 转
圆筒1转

前幅：分边织半幅开 44 支斜 1 支

(b)

袖身共 117 转
94 支

中挑吼
15 转
15+1+4
14+1+3
14 转
袖身：单边

袖咀：2×1　16 转

袖：开 80 支　斜 1 支圆筒 1 转

(c)

领贴 7 针 2 条毛
2×1 结字码 5 坑拉 2-1/8 英寸
疏字码 5 坑拉 2-3/8 英寸

放眼 1/2 转，1 转间纱完
77 转
疏字码
85 转
结字码

(1 条) 领贴：开 336 支　面 1 支包圆筒 1 转

(d)

套针 3 支完
1 转
1-3-10 }(套针)
1-2-12
2 转
1.5+1+14
1+1+6
1 转
1+2+3
56 转

以上分左右收
身
16 转

(2 幅) 后侧骨：开 17 支斜 1 支圆筒 1 转

后侧骨 12 针
10 支拉 1 4/8 英寸

身共 109 转
54 支 (3 支)12 支
1 转
1-2-2 }(套针)
1-3-2
1 转
1+1+12
2+1+8 }(4 支边)
3+1+6
61 转

(e)

套针 3 支完
1 转
1-3-10 }(套针)
1-2-12
2 转
1.5+1+14
1+1+6
1 转
1+2+3
56 转

以上分左右收
身

16 转

(2 幅) 前幅侧骨：开 17 支斜 1 支圆筒 1 转

前幅侧骨 12 针
10 支拉 1 4/8 英寸

身共 109 转
54 支 (3 支)8 支
4 转
4-2-1
3-2-2 (无边)
3 转
1+1+11
2+1+8 }(4 支边)
3+1+3
62 转

(f)

图 4-28　下数主页和分页

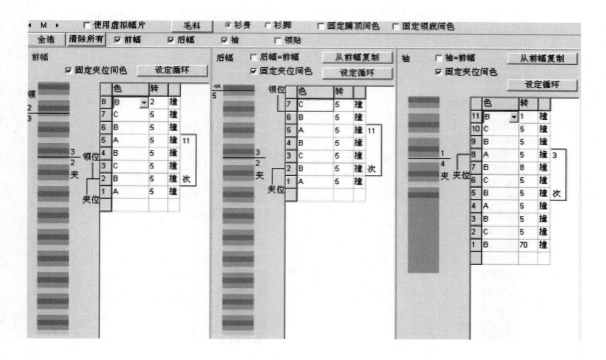

图 4 - 29　间色分页

　　若间色有 2 个不同的循环,则设定方法为:如图 4 - 30 所示,先设定起始的第一个循环,例如 1~2 循环 15 次,再设定第 2 个循环,循环次数选择大些,例如设定 100 次,则系统自动根据实际转数计算次数。

九、下数用语修改

　　软件中使用的下数用语多采用广东毛织企业的习惯用语,各企业可根据自己的实际情况更改里面的下数用语,可以针对收针用语、收领、组织等多项进行修改,例如对组织用语进行更改,将“单边”改成“纬平针”,软件显示的变化如图 4 - 31 所示。

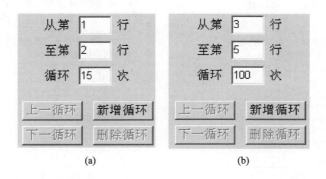

图 4 - 30

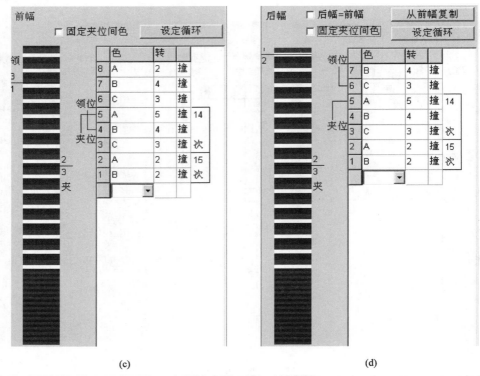

图 4-30 间色循环设定

	收针用语	前幅收领用语	后幅收领用语	袖幅收领用语	后整标记用语	脚过衫身用语	组织名称	制单类别
	标准用语				用户自定用语			
1	单边				纬平针			
2	坑条							
3	挂毛							
4	拨花							
5	密针珠地							

(a)

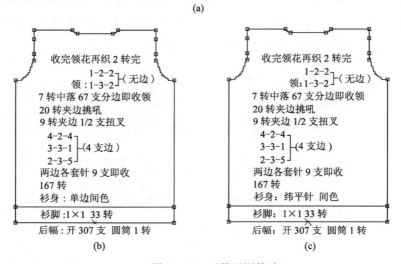

(b)   (c)

图 4-31 下数用语修改

十、衫形范本的使用

不同的下数师傅和企业往往都有其自己的计算习惯,针对某种款式的毛衫,其计算方法类似,因此往往很多操作是重复的,例如当同种款式毛衫字码、毛料、尺寸、机号等不同,但其计算方法相同的时候,可以采用衫形范本的方法,避免多次重复操作,提高工作效率。衫形范本在软件中应用非常多,每次开单前系统都会让用户选择衫形范本。在开启下数前,系统会让客户选择衫形范本的形式,例如是否圆领、是否收膊、是否收腰等。若在开启下数时,范本选择错误,可以在主菜单"工具"下拉菜单中选择"更改衫形范本",但是要注意,该操作相当于重新开单,因此对于方程式的修改等要在确保范本无误的情况下进行,以免更改范本后,已经做的修改内容丢失。

衫形范本的使用可以有两种程序:第一种程序是先输入毛衫字码、毛料、尺寸等,然后再选择菜单"工具"下拉菜单中"汇入为衫形范本"选项,将以前制作的衫形范本汇入,则系统自动根据以前的衫形范本,将当前文件的"方程式"、"收针搭配程式"、"套针设定"等改为衫形范本的形式,无须再逐项更改。第二种程序是先打开衫形范本文件,将其另存一个文件名,避免对原衫形范本造成覆盖,然后再输入毛衫字码、毛料、尺寸等,完成下数工艺单的制作。

图 4-32 所示为某文件汇入衫形范本前后的工艺单。

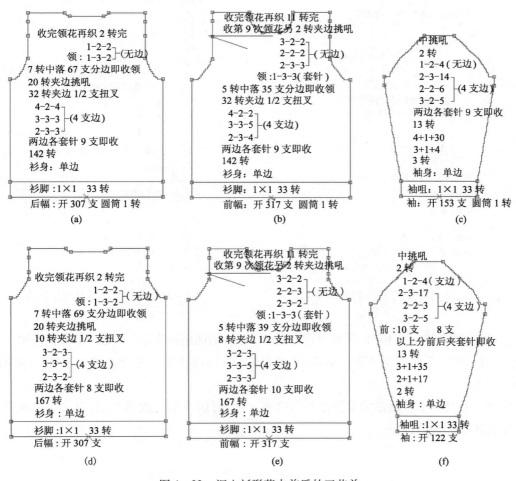

图 4-32　汇入衫形范本前后的工艺单

十一、预设值

可以对下数的显示文字进行重新设定,修改字体和行距,也可以对局部的文字进行修改,而其他文字不受影响。

在主菜单"预设值"的下拉菜单中选择"预设字形"选项,在弹出的对话框中选择字体和大小,然后在主菜单"预设值"的下拉菜单中选择"行距"选项,在弹出下拉菜单中选择数值,数值增加则下数文字行与行之间的距离增加,当下数文字比较少,可以采用增大行距来使下数单易于阅读,但是当下数单文字较多时,可以减小行距,以避免下数文字在幅面中写不下的情况。更改字形和行距后,要在主菜单"预设值"的下拉菜单中点击"使用预设字形和行距"命令,才能使修改生效。更改字形和行距前后的工艺单如图 4 - 33、图 4 - 34 所示。

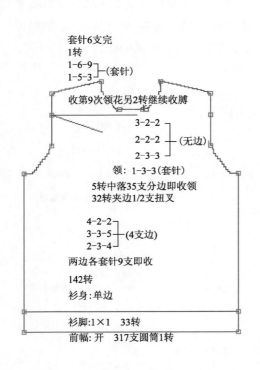

图 4 - 33　行距 1.1,字体小四号常规字

图 4 - 34　行距 1.3,字体五号斜体字

可以在主菜单"预设值"的下拉菜单中选择"前后幅袖显示次序"来更改下数工艺单中幅面的排列方法,则以后每次进入下数页面,其幅面显示次序都按照预先设置的次序显示,如图 4 - 35、4 - 36 所示。

如果只是某一个下数单需要更改幅面排列次序,可以不用更改预设值,直接用鼠标拖动各个幅面到需要的位置即可。

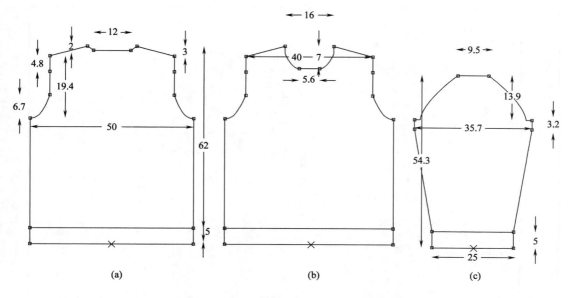

图 4 - 35　显示次序:后片→前片→袖片

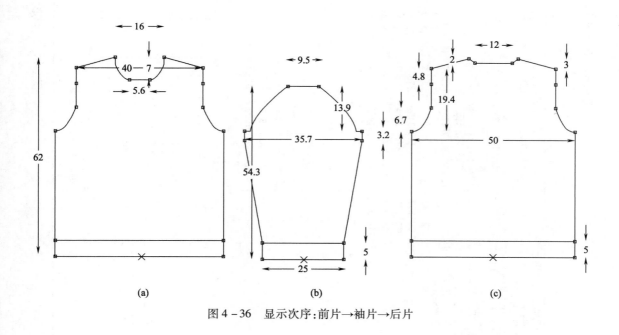

图 4 - 36　显示次序:前片→袖片→后片

可以在主菜单"预设值"的下拉菜单中选择"衫形列印粗幼",更改打印时下数幅面线条的粗细,如图 4 - 37、图 4 - 38 所示。

2011-5-5(11:20)
尺码　M　　(客户名称：)

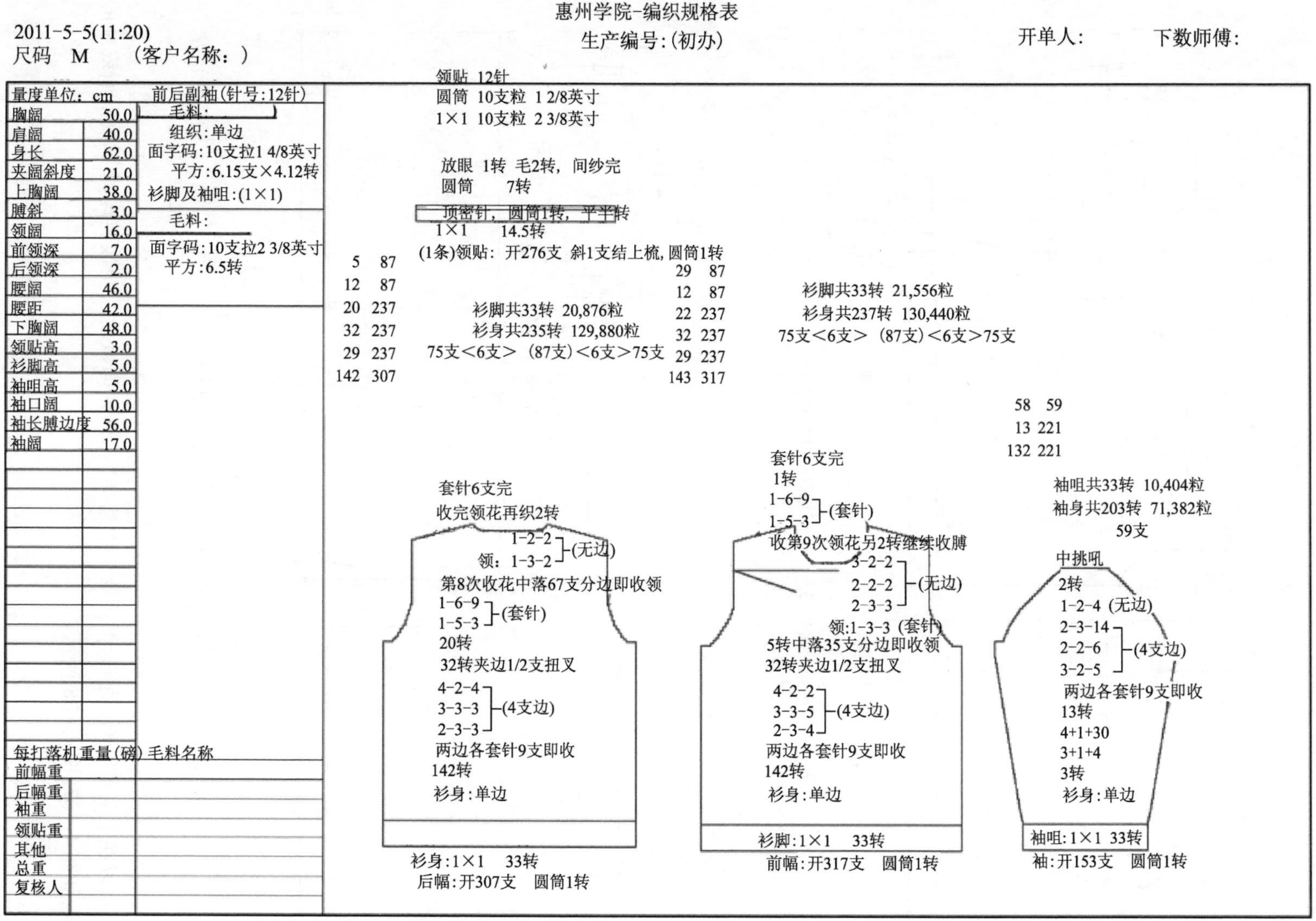

惠州学院-编织规格表
生产编号:(初办)

开单人：　　　　下数师傅：

量度单位：cm	
胸阔	50.0
肩阔	40.0
身长	62.0
夹阔斜度	21.0
上胸阔	38.0
膊斜	3.0
领阔	16.0
前领深	7.0
后领深	2.0
腰阔	46.0
腰距	42.0
下胸阔	48.0
领贴高	3.0
衫脚高	5.0
袖咀高	5.0
袖口阔	10.0
袖长膊边度	56.0
袖阔	17.0

前后副袖(针号:12针)
毛料:
组织:单边
面字码:10支拉1 4/8英寸
平方:6.15支×4.12转
衫脚及袖咀:(1×1)
毛料:
面字码:10支拉2 3/8英寸
平方:6.5转

每打落机重量(磅)	毛料名称
前幅重	
后幅重	
袖重	
领贴重	
其他	
总重	
复核人	

领贴 12针
圆筒 10支粒 1 2/8英寸
1×1 10支粒 2 3/8英寸

放眼 1转 毛2转，间纱完
圆筒 7转
顶密针，圆筒1转，平半转
1×1 14.5转
(1条)领贴：开276支 斜1支结上梳，圆筒1转

5 87
12 87
20 237
32 237
29 237
142 307

衫脚共33转 20,876粒
衫身共235转 129,880粒
75支<6支>（87支)<6支>75支

29 87
12 87
22 237
32 237
29 237
143 317

衫脚共33转 21,556粒
衫身共237转 130,440粒
75支<6支>（87支)<6支>75支

58 59
13 221
132 221

袖咀共33转 10,404粒
袖身共203转 71,382粒
59支

套针6支完
收完领花再织2转
1-2-2 ┐
领：1-3-2 ┘-(无边)
第8次收花中落67支分边即收领
1-6-9 ┐
1-5-3 ┘-(套针)
20转
32转夹边1/2支扭叉
4-2-4 ┐
3-3-3 ├(4支边)
2-3-3 ┘
两边各套针9支即收
142转
衫身:单边
衫身:1×1　33转
后幅:开307支　圆筒1转

套针6支完
1转
1-6-9 ┐
1-5-3 ┘-(套针)
收第9次领花另2转继续收膊
3-2-2 ┐
2-2-2 ├(无边)
2-3-3 ┘
领:1-3-3 (套针)
5转中落35支分边即收领
32转夹边1/2支扭叉
4-2-2 ┐
3-3-5 ├(4支边)
2-3-4 ┘
两边各套针9支即收
142转
衫身:单边
衫脚:1×1　33转
前幅:开317支　圆筒1转

中挑吼
2转
1-2-4 (无边)
2-3-14 ┐
2-2-6 ├(4支边)
3-2-5 ┘
两边各套针9支即收
13转
4+1+30
3+1+4
3转
衫身:单边
袖咀:1×1　33转
袖:开153支　圆筒1转

图 4-37　　衫形列印（粗）

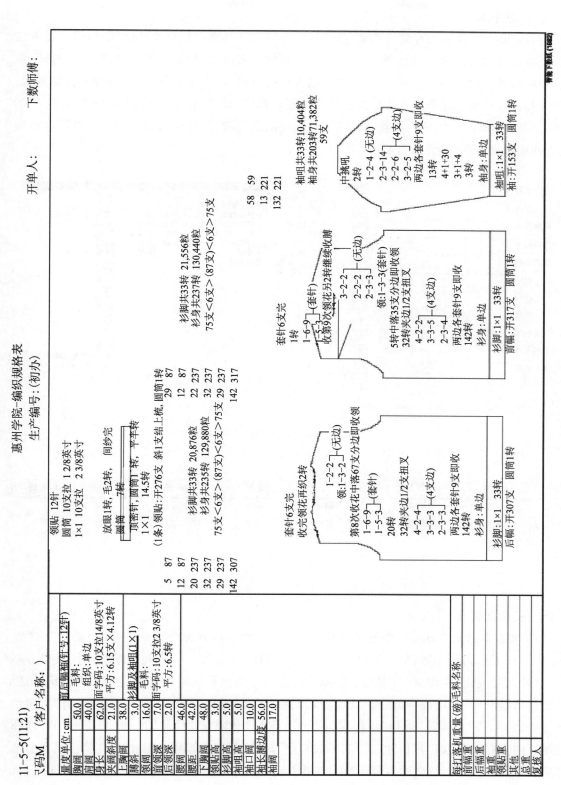

图 4-38　衫形列印（幼）

十二、资料库

资料库在下数文件的存储与查询方面,相对普通的文件夹存储具有两个优越性,一是方便文件查找;二是文件操作过程全程记录。在文件查找方面,可以根据文件的日期、下数师傅、款式、毛料、机号、款号、客户号、跟单员等多种因素进行查询,如图 4 - 39 所示,方便资料的查找。文件操作过程全程记录是指下数师傅在针对一款下数单操作过程中,做过多次修改和存盘,如果不是在资料库中操作,每一次修改后新文件会将旧文件覆盖,而在资料库中旧文件不会被覆盖,方便师傅操作和使用,如图 4 - 40 所示。

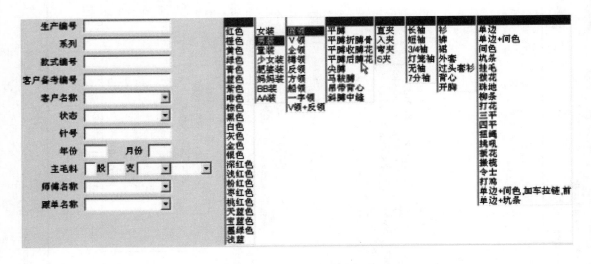

图 4 - 39　搜寻下数纸

日期	时间	用户名称	指令	结果	生产编号	版本	制单类别
2007-4-21	15:37:31	刘师傅	更改下数纸	成功	070422	2	初办中
2007-4-21	15:35:09	刘师傅	新增下数纸	成功	070422	1	初办中

图 4 - 40　资料库的文件记录

十三、新增幅片

如果要在下数页面新增一个帽子幅片,在空白处按右键,在弹出菜单中选择"新增"→"新增幅片"→"无衫脚"。若增加幅片只有一个组织,选择"无衫脚",若有两个组织,则选择"有衫脚"。将"尺寸"按钮关闭,将新增的矩形幅片通过新增交点和拖动交点形成帽子的形状,然后选择"新增横向尺寸"增加"帽底阔"、"帽全阔";将"领阔"选择"用作横向尺寸"和"用作横向尺寸(半幅阔)",将"前领深"选择"用作直向尺寸",选择"新增直向尺寸"增加"帽高"尺寸,选择"新增直向方程式"增加"帽加针高"和"帽收针高"尺寸,最后在幅片上按右键,在弹出菜单中选择"更改幅片名称"选项,在弹出对话框的空格中输入名称"帽",帽贴尺寸及工艺单如图 4 - 41所示。

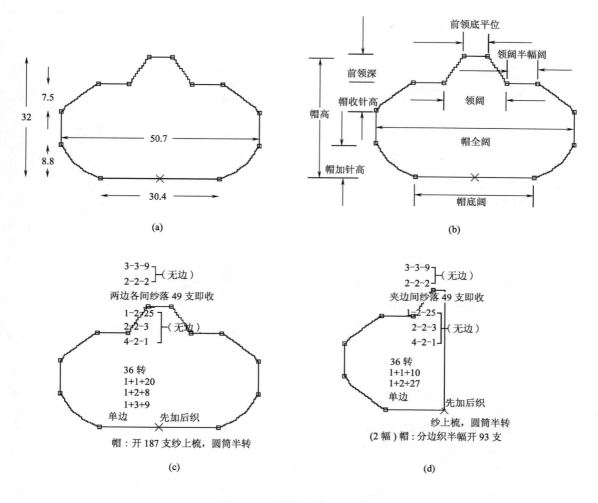

图 4 - 41　帽贴尺寸及工艺单

其中"帽高"为师傅尺寸,"帽底阔"、"帽收针高"和"帽加针高"为方程式:帽底阔 = 帽全阔 × 0.6;帽加针高 = (帽高 - 前领深) × 0.35;帽收针高 = (帽高 - 前领深) × 0.3。最后通过"修改下数"更改开针为"纱上梳",将帽加针和帽收针程式修改,并重新计算下数,收针后平位选择"间纱"工艺,将"分边织"的选项勾选,将幅片分两幅来编织。

可以选择"新增贴"功能来增加新的贴,例如背心款式夹圈贴下数单的制定,首先在主菜单的下拉菜单点击"显示袖",将袖子显示关闭。在空白处按右键,在弹出菜单中选择"新增贴"→"无衫脚",增加一个新贴,在该贴上按右键,在弹出菜单中选择"更改幅片名称",在弹出对话框中输入名称"夹圈",然后对前后幅进行"修改下数"操作,将前后幅片与夹圈缝合的部位进行缝位设定,并设定比率,最后对夹圈贴修改下数,将"每件 1 条"修改成"每件 2 条",夹圈贴设定如图 4 - 42 所示。

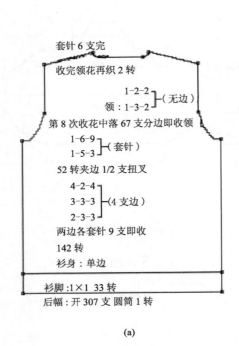

(a)

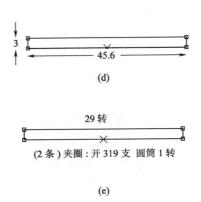

(b)

客户尺寸	师傅尺寸	方程式	
	尺寸标签	◀ M* ▶	
1	袖尾	9.50	
2	袖底平位	3.20	
3	领贴长	39.27	
4	腰直位	3.00	
5	领贴圆筒高	0.80	
6	夹圈长	45.62	
7	夹贴高	3.00	

(c)

(d)

3　45.6

29 转

(2 条) 夹圈: 开 319 支　圆筒 1 转

(e)

图 4-42　夹圈贴设定

选择"新增文字"、"新增表格"、"新增单向箭嘴"、"新增排坑图"和"新增直线"功能,可以方便对下数工艺单中需要说明的部分进行附加说明,"新增"功能的使用如图 4-43 所示。

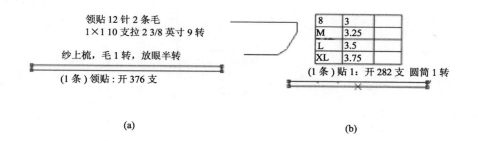

领贴 12 针 2 条毛
1×1 10 支拉 2 3/8 英寸 9 转

纱上梳，毛 1 转，放眼半转

（1 条）领贴：开 376 支

8	3		
M	3.25		
L	3.5		
XL	3.75		

（1 条）贴 1：开 282 支　圆筒 1 转

(a)　　　　　　　　　　　　　　　　　　　(b)

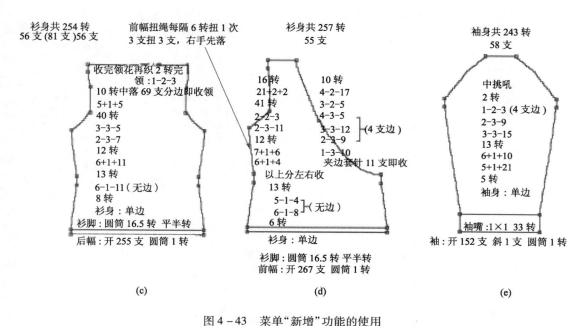

衫身共 254 转
56 支（81 支）56 支

前幅扭绳每隔 6 转扭 1 次
3 支扭 3 支，右手先落

收完领花再织 2 转完
领：1-2-3
10 转中落 69 支分边即收领
5+1+5
40 转
3-3-5
2-3-7
12 转
6+1+11
13 转
6-1-11（无边）
8 转
衫身：单边
衫脚：圆筒 16.5 转　平半转
后幅：开 255 支　圆筒 1 转

衫身共 257 转
55 支

16 转
21+2+2
41 转
2-2-3
2-3-11
12 转
7+1+6
6+1+4
以上分左右收
13 转
5-1-4
6-1-8 }（无边）
6 转

10 转
4-2-17
3-2-5
4-3-5
4-3-12
2-3-9 }（4 支边）
1-3-10
夹边套针 11 支即收

衫身：单边
衫脚：圆筒 16.5 转 平半转
前幅：开 267 支　圆筒 1 转

袖身共 243 转
58 支

中挑吼
2 转
1-2-3（4 支边）
2-3-9
3-3-15
13 转
6+1+10
5+1+21
5 转
袖身：单边
袖嘴：1×1 33 转
袖：开 152 支　斜 1 支　圆筒 1 转

(c)　　　　　　　　　(d)　　　　　　　　　(e)

图 4-43　菜单"新增"功能的使用

十四、修改下数附加文字

需要对下数单中文字进行补充时，可以在"修改下数"对话框中将"修改下数附加文字"进行勾选，则可以对下数单中的文字进行补充，根据补充的位置不同，选择在不同的位置输入文字。若需要文字就跟在某个原有文字的后面，只要在输入文字前面加上"＋"即可，例如输入"＋挑孔"，文字显示的结果如图 4-44 所示。

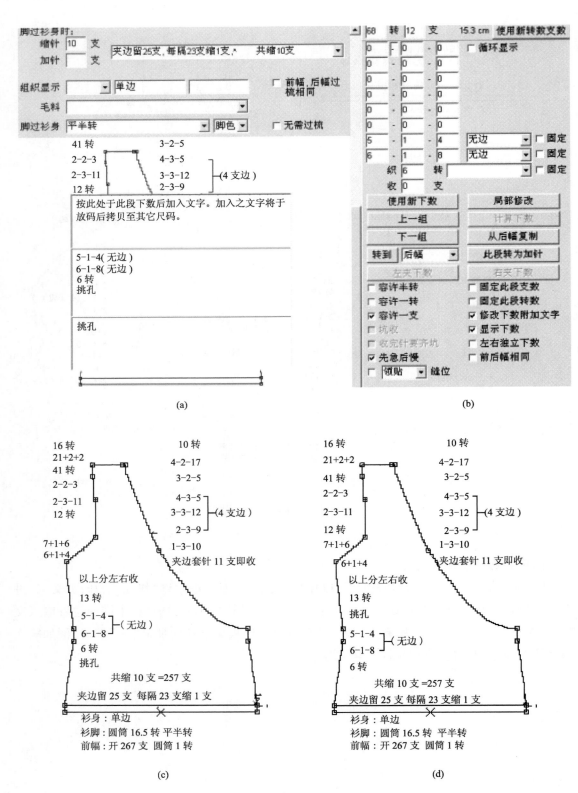

(a)

(b)

16 转
21+2+2
41 转
2-2-3
2-3-11
12 转
7+1+6
6+1+4
以上分左右收
13 转
5-1-4
6-1-8
6 转
挑孔

10 转
4-2-17
3-2-5
4-3-5
3-3-12
2-3-9
(4 支边)
1-3-10
夹边套针 11 支即收

共缩 10 支 =257 支
夹边留 25 支 每隔 23 支缩 1 支
衫身：单边
衫脚：圆筒 16.5 转 平半转
前幅：开 267 支 圆筒 1 转

(c)

16 转
21+2+2
41 转
2-2-3
2-3-11
12 转
7+1+6
6+1+4
以上分左右收
13 转
5-1-4
6-1-8
6 转

10 转
4-2-17
3-2-5
4-3-5
3-3-12
2-3-9
(4 支边)
1-3-10
夹边套针 11 支即收

共缩 10 支 =257 支
夹边留 25 支 每隔 23 支缩 1 支
衫身：单边
衫脚：圆筒 16.5 转 平半转
前幅：开 267 支 圆筒 1 转

(d)

图 4－44

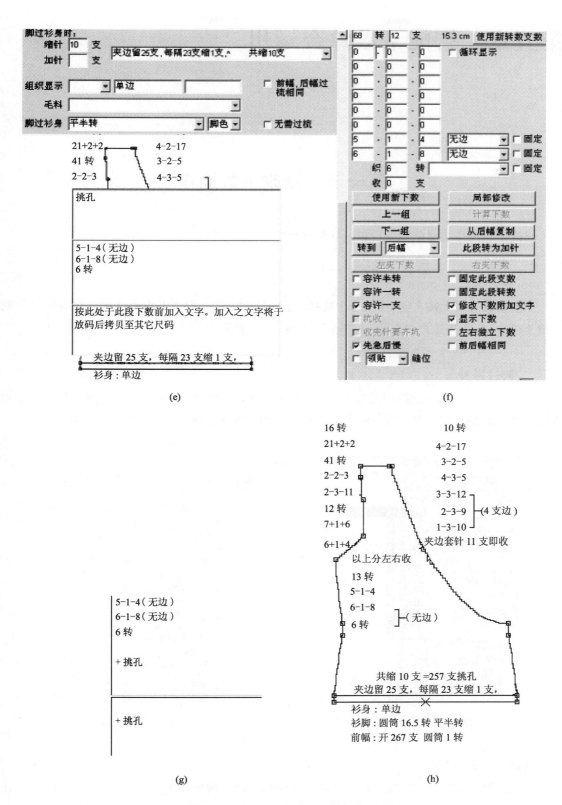

图 4 – 44　修改下数附加文字的位置

第五章 智能下数综合运用

第一节 修改下数操作

修改下数操作按照前幅→后幅→袖的顺序进行。

一、开针方式

在前幅底边线上按右键,在菜单中选择"修改下数",进入修改下数对话框。在开针旁边的下拉菜单中,选择开针方式为"面1支包",如图5-1所示。

二、脚过衫身

点击"上一组"按钮,使幅片线段从下到上依次变红,针对不同的位置,修改下数的显示也不同。在"脚过衫身"下拉菜单中选择"平半转",则下数文字随之更改,如图5-2所示。

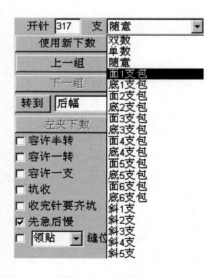

图5-1 开针方式

图5-2 脚过衫身

三、收针方式计算

可以更改套收针数和收花(多针式暗收针)程式,输入收针方式后系统自动计算下数,给出多个收针方案和曲线形状,在其中选择所需要的结果,点选"选择",并"使用新下数",则工艺单部分随之更改,如图 5-3 所示。

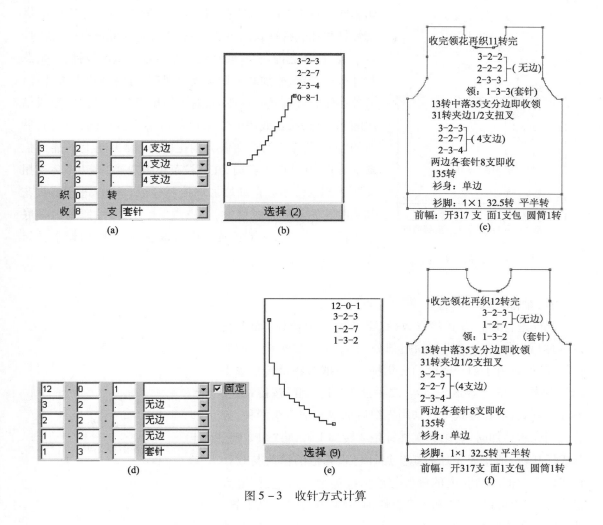

图 5-3 收针方式计算

用同样方法对领收针进行修改。

最后 12 转平位固定的作用是在放码的时候,该段转数固定,不随尺码变化。注意其中"容许一支"是指在收针程式中是否允许收 1 支的程式存在,例如在收腰款式的操作过程中,先将"容许一支"勾选后再计算下数,才会出现收 1 支的收针程式;"容许一转"则是是否允许 1 转收针的程式存在。"最多收针支数"是指收针程式中一次性收针最大的针数,"固定收针支数"是指在收针程式中是否固定每次收针的针数。点击"上一组"按钮,使领底平位部位的线段变红,此时可以在下拉菜单中选择收领的方式,是"落梳收领"、"套针收领"还是"收假领"等。

四、后幅修改

点击"转到"按钮,在下拉菜单中选择"后幅",则进入后幅修改下数界面,同样进行开针方式修改,如图 5-4 所示,在下拉菜单中选择"面 1 支包"。脚过衫身部分由于修改下数界面中

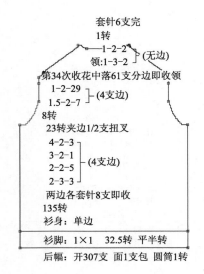

套针6支完
1转
1-2-2
领:1-3-2   (无边)
第34次收花中落61支分边即收领
1-2-29
1.5-2-7   (4支边)
8转
23转夹边1/2支扭叉
4-2-3
3-2-1
2-2-5   (4支边)
2-3-3
两边各套针8支即收
135转
衫身：单边
衫脚：1×1   32.5转   平半转
后幅：开307支   面1支包   圆筒1转

图 5-4   后幅下数修改

"前后幅相同"选项已被勾选,因此无须进行修改,自动与前幅相同。点击"上一组"按钮,对后幅收夹部位类似前幅做套针针数和收针程式的更改,注意收针程式的修改中,在"计算下数"操作之前,要看收针程式是否都是偶数收针,如果总收针数为奇数,要加减1针修改成偶数,否则系统无法计算,另外在做收针程式的修改时,对于结尾部分的平摇转数或结尾的剩针部分,若放码时要求该部位不进行放码,要将其后面的"固定"选项勾选。做大袖尾时,后幅夹花上平摇部位新加交点,在修改下数时,在下拉菜单中选择"夹边1、2支扭叉",否则系统不会自动增加该控制标记。同样进行膊收花和领收花的收针程式修改,当点选"上一组"按钮到后领底平位部分变红时,在下拉菜单中选取收领方式,后幅下数修改后如图 5-4 所示。

五、袖幅修改

同样进行开针方式的修改,在下拉菜单中选择"面1支包",然后点选"上一组"到袖咀部分,其编织转数通常与前后幅相同,但是由于袖子密度的变化特点,一般会将该转数减小2转,例如将33转改成31转。之后点击"上一组"按钮,修改袖加针程式,加针程式可以采用先织后加或先加后织两种,方法是当先织后加时,若第一次加针是2转加1针,将"织2转"改成织0转,则变成先加后织。加针程式其他的修改与收针程式修改类似。袖收夹的修改与前后幅类似,可以直接输入套收针数,也可以点选"袖夹套针跟前后幅"选项来自动设置,袖夹收针程式的修改与前面加针程式类似,只是袖子收针的最后一段程式,为了与衣身缝合后夹部位比较平伏,通常采用"1—2—3 或 1—2—4"的无边花收针形式,收针之后有2转的平位,这2项是不随放码尺码发生变化的,所以点选后面的"固定"选项,袖幅下数修改后如图 5-5 所示。

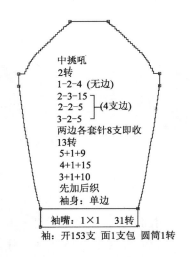

中挑吼
2转
1-2-4 (无边)
2-3-15
2-2-5   (4支边)
3-2-5
两边各套针8支即收
13转
5+1+9
4+1+15
3+1+10
先加后织
袖身：单边
袖嘴：1×1   31转
袖：开153支   面1支包   圆筒1转

图 5-5   袖幅下数修改

第二节   原始范本的使用

一、建立外形

下面通过利用原始范本做一个尖膊毛衫来介绍原始范本的使用方法。

点击"开单"按钮,点击"下数"分页并点选"原始范本"选项,打开原始范本文件,如图 5-6 所示。

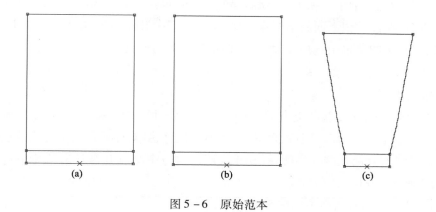

图 5-6　原始范本

关掉"尺寸"按钮,点击最上面的交点,按住鼠标左键拖动,如图 5-7 所示。

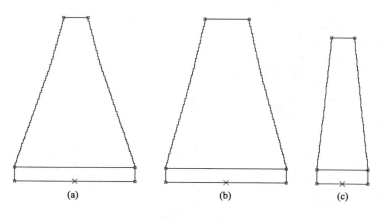

图 5-7　拖动变形

移动鼠标到幅片上的线段,当其变红时按鼠标右键,在弹出的菜单中选择"新增多个交点"选项,然后分别在前幅、后幅、袖幅上增加交点,如图 5-8 所示。

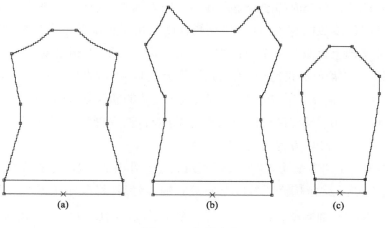

图 5-8　新增交点

由于尖膊前后幅与袖子连在一起,前后幅的上部分都是由袖子构成,在尺寸丈量的时候,含有袖子的一部分,在前后幅上面新增交点作尺寸标记使用,用鼠标右键在前后幅上方的空白处按鼠标右键,在弹出的菜单中选择"新增镜影标记"—"尺寸标记"。

二、前幅尺寸

将"尺寸"按钮点下后,点击交点并在弹出菜单中选择"新增横向尺寸",分别增加"下脚阔"、"腰阔"、"胸阔"、"领阔"、"前领底平位"等横向尺寸,并对前幅最高位置两点选择"新增横向方程式",增加"实际前领阔 = 领阔 - cm(1.5)"。再点击交点并在弹出菜单中选择"新增直向尺寸",分别增加"身长"、"前领深"、"袖走前"、"腰直位"、"腰位角度上"、"衫脚高"等直向尺寸。前幅尺寸部位名称与数值如图 5 - 9 所示。

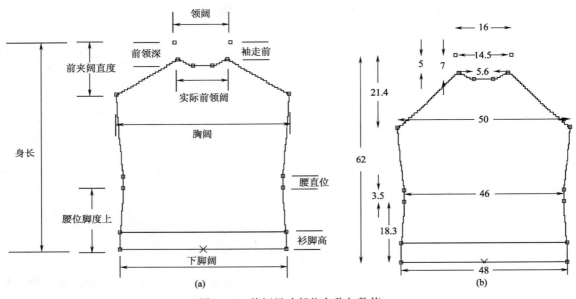

图 5 - 9 前幅尺寸部位名称与数值

其中"夹阔直度"是系统内部已经输入好的直向方程式,其计算原理为利用勾股定理将客户尺寸"夹阔斜度"转换成幅片直向尺寸"夹阔直度",由于夹阔部位容易拉伸变长,因此还在"夹阔直度"尺寸基础上再减少一个数值加以修正,得到"实际夹阔直度"尺寸。由于"夹阔直度"方程式是系统为装袖产品设定的,因此其计算公式是"夹阔直度 = sqrt[夹阔斜度 × 夹阔斜度 -(胸阔 - 领阔)×(胸阔 - 领阔)/4]",该公式表达式的输入方法如下:

第一步:如图 5 - 10 所示,在红色交点点击鼠标右键,在弹出菜单中选择"新增直向方程式",再点击另一交点,弹出"方程式输入"对话框。

第二步:在"尺寸标签"中输入"前夹阔直度",在"可用的变数"下拉菜单中点击输入"算式"中尺寸"夹阔斜度"及"胸阔"、"领阔",将算式输入好后,将鼠标光标放在算式的最左侧开始处,点击"$\sqrt{}$"按钮,则系统自动生成完整的算式"sqrt[夹阔斜度 × 夹阔斜度 -(胸阔 - 领

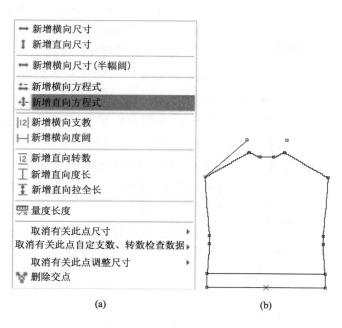

(a)　　　　　　　　　　(b)

图 5 – 10　新增直向方程式

阔)×(胸阔 – 领阔)/4]",如图 5 – 11 所示。图中"inch"为"英寸","﹡"为乘号"×"。

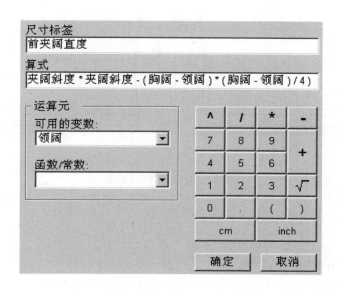

图 5 – 11　方程式输入

三、后幅尺寸

由于前后幅的尺寸对位关系,前幅完成后增加后幅尺寸时,许多尺寸只需要将前幅尺寸选择"用作横向(直向)尺寸",复制在后幅相应部位即可。操作步骤如下:

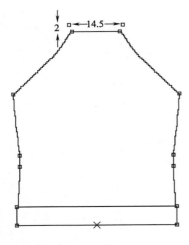

图 5 – 12　尖膊后幅尺寸显示

第一步:将"下脚阔"、"胸阔"、"领阔"、"腰阔"选择"用作横向尺寸"用在后幅相应横向部位。

第二步:将"身长"、"衫脚高"、"腰直位"、"腰位脚度上"、"前夹阔直度"选择"用作直向尺寸",用在后幅相应直向部位。

第三步:新增直向尺寸"后领深",新增横向方程式"实际后领阔＝领阔－cm(5)"。

由于后幅尺寸多数都是前幅复制尺寸来控制,只有领部位的两个尺寸为新增尺寸和方程式产生,因此只有这两个尺寸显示出来,如图 5 – 12 所示。其他尺寸当鼠标拖动到该尺寸,该尺寸会变红,同时后幅的关联尺寸也会相应显示,如图 5 – 13 所示。

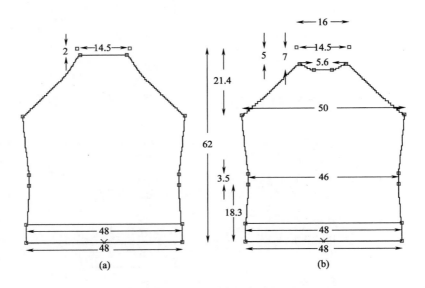

图 5 – 13　关联尺寸显示

四、袖幅尺寸

下面分步来说明袖幅操作步骤。

第一步:利用新增横向尺寸增加"袖口全阔"、"袖全阔"、"袖尾"尺寸,由于袖咀高和袖底平位的存在,其中"袖口全阔"与"袖全阔"都要利用"用作横向尺寸"功能复制尺寸。"袖口全阔"和"袖全阔"的系统默认公式分别为:"袖口全阔＝袖口阔×2×1.25"和"袖全阔＝袖阔×2×1.05",式中"1.25"和"1.05"都是修正系数,如果该系数与实际不符,可以根据实际情况对公式进行修改。"袖尾尺寸"为师傅给的经验数值,系统放在"师傅尺寸"列表中,可以在列表中更改其数值。

第二步：利用新增直向尺寸增加"袖咀高"、"袖底平位"。

第三步："新增标记→挑孔→下数从机头留针"，增加一个挑孔标记点，用于前幅夹位的对位标记。从夹点到该标记点新增直向方程式"袖夹跟前尺寸＝前夹阔直度－袖走前"。从夹点到袖顶点新增直向方程式"袖夹跟后尺寸＝前夹阔直度－后领深"，尖膊袖幅夹位尺寸如图 5－14 所示。

第四步：新增直向方程式"实际袖长领边度＝袖长领边度×0.97"。袖幅部位尺寸名称与数值如图 5－15 所示。

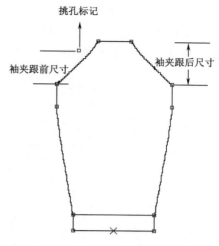

图 5－14　尖膊袖幅夹位尺寸

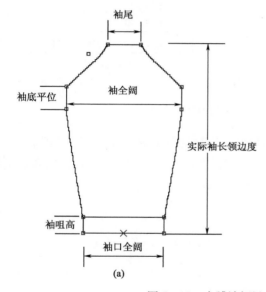

(a)

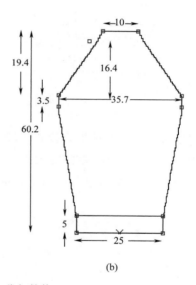

(b)

图 5－15　尖膊袖幅尺寸名称与数值

五、调整尺寸

将前幅"胸阔"、"下脚阔"、"腰阔"都调大 2cm，后幅不变，如图 5－16 所示为下脚阔的调整对话框，胸阔与腰阔操作方法相同。

□ 使用独立最大调整幅度		5.08
下脚阔 (厘米)		48.00
	调整	调整	实际尺寸
前幅	2.00	12 支	50.00
后幅	0.00	0 支	48.00

图 5－16　下脚阔调整尺寸对话框

六、修改下数和下栏

针对开针、收针程式等通过修改下数进行修改,例如对前后幅及袖幅夹上收针程式进行修改,前幅修改前后的工艺单如图 5-17 所示。

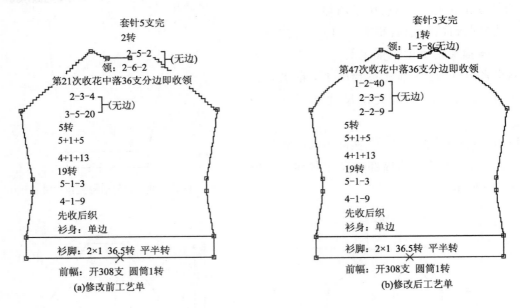

图 5-17　前幅修改下数前后工艺单

前幅原夹收针程式结果曲线为凹,根据款式需要,需要更改收针程式,使曲线转变为凸,而且收针程式对最大收针针数限定为 3,重新进行收针程式的设定。同样也对后幅和袖幅的收针程式进行修改,后幅修改下数前后工艺单如图 5-18 所示。

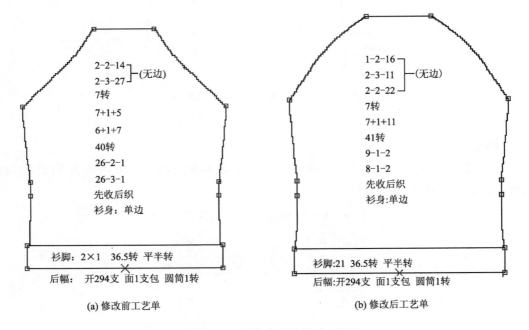

图 5-18　后幅修改下数前后工艺单

袖幅通过收针程式的修改,可以选择曲线形状好看的收针程式,袖幅修改下数前后工艺单如图5－19所示。

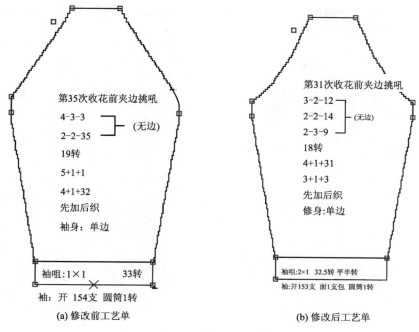

第35次收花前夹边挑吼

4-3-3

2-2-35　　　(无边)

19转

5+1+1

4+1+32

先加后织

袖身:单边

袖咀:1×1　　33转

袖:开 154支 圆筒1转

(a) 修改前工艺单

第31次收花前夹边挑吼

3-2-12

2-2-14　　　(无边)

2-3-9

18转

4+1+31

3+1+3

先加后织

修身:单边

袖咀:2×1　32.5转 平半转

袖:开153支　面1支包　圆筒1转

(b) 修改后工艺单

图5－19　袖幅修改下数前后工艺单

下栏领贴的长度需要在修改下数的时候进行设定,如图5－20所示,在后幅领部位线段变红的时候,将"领贴"前面的选项打勾,并在后面的"比率"空格中输入幅片与领贴缝合的拉伸比率数值,一般选0.9～1之间的数值。选择转到"前幅",同样对前幅领部位进行设定,最后转到"袖幅"作设定,本例中后幅比率设定为1,前幅和袖幅设定为0.95。

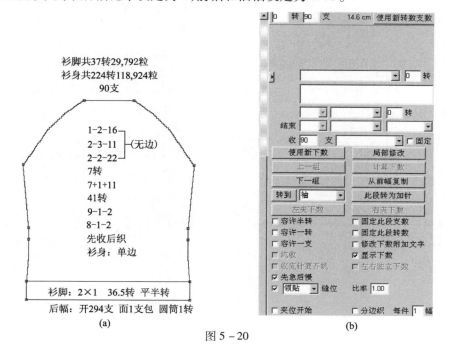

衫脚共37转29,792粒
衫身共224转118,924粒
90支

1-2-16

2-3-11　　　(无边)

2-2-22

7转

7+1+11

41转

9-1-2

8-1-2

先收后织

衫身:单边

衫脚:2×1　36.5转 平半转

后幅:开294支 面1支包 圆筒1转

(a)

(b)

图5－20

衫脚共37转 31,210粒
衫身共211转 114,344粒
2支(90支)2支

套针3支完
1转
领：1-3-8(无边)

第47次收花中落36支分边即收领

1-2-40
2-3-5 ⎫(无边)
2-2-9 ⎭
5转
5+1+5
4+1+13
19转
5-1-3
4-1-9
先收后织
衫身：单边

衫脚：2×1 36.5转 平半转
前幅：开308支 圆筒1转

(c)

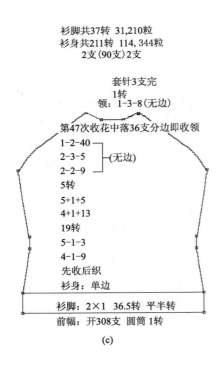

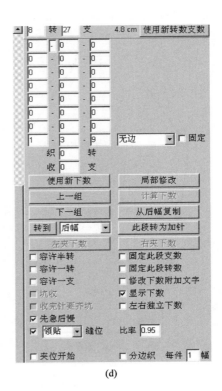

(d)

衫脚共37转 31,210粒
衫身共211转 114,344粒
2支(90支)2支

套针3支完
1转
领：1-3-8(无边)

第47次收花中落36支分边即收领

1-2-40
2-3-5 ⎫(无边)
2-2-9 ⎭
5转
5+1+5
4+1+13
19转
5-1-3
4-1-9
先收后织
衫身：单边

衫脚：2×1 36.5转 平半转
前幅：开308支 圆筒1转

(e)

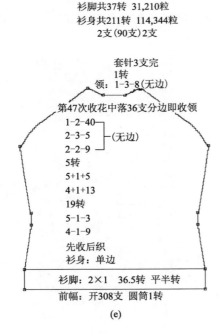

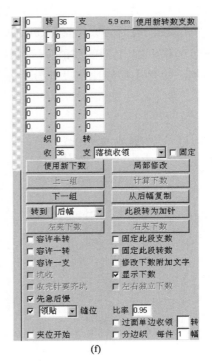

(f)

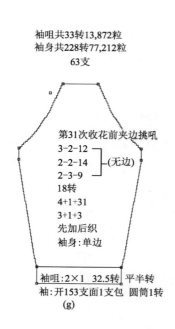

袖咀共33转13,872粒
袖身共228转77,212粒
63支

第31次收花前夹边挑吼
3-2-12
2-2-14 ┐
2-3-9 ┘（无边）
18转
4+1+31
3+1+3
先加后织
袖身:单边

袖咀:2×1　32.5转　平半转
袖:开153支面1支包　圆筒1转
(g)

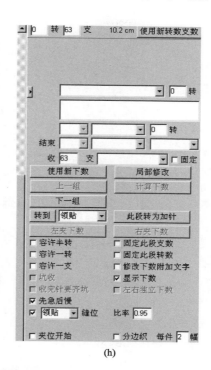

(h)

	尺寸标签	◀ M* ▶
1	袖尾	10.00
2	袖底平位	3.50
3	领贴长	48.56
4	腰直位	3.50
5	领贴圆筒高	0.80
6	袖走前	5.00

客户尺寸　师傅尺寸　方程式

(i)

图 5-20　领贴长度设定

在左侧的"师傅尺寸"表中自动生成一个"领贴长"尺寸,长度为前面所有设定为"领贴"缝位的部位尺寸乘以其"比率"的数值之和。

将领贴"新增横向尺寸"增加"领贴长"尺寸,并将其选择"用作横向尺寸"复制,"新增直向尺寸"—"领贴高",完成领贴下栏,如图 5-21 所示。

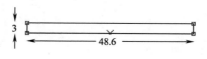

3

48.6

图 5-21　领贴幅片

在菜单"检视"—"缝合说明"—"上盘尺寸"中选择"使用英寸",然后在图中领贴缝合部位曲线上按右键,在弹出菜单中选择"新增领贴上盘长度"。还可以在空白处按右键,在弹出菜单中选择"新增单向箭咀",也可以在弹出菜单中选择"新增文字"来增加缝合要求的文字,如图 5-22 所示。

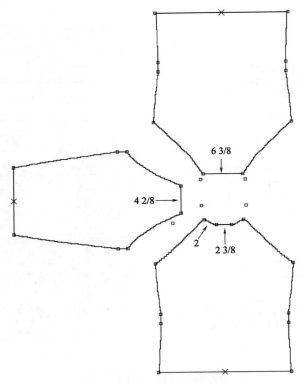

图 5 – 22　缝合说明中上盘尺寸建立

图 5 – 23 所示为女装企领前幅打花长袖衫的缝合说明。

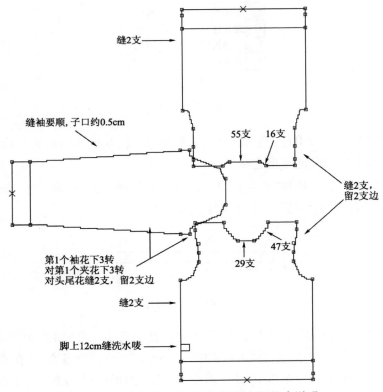

图 5 – 23　女装企领前幅打花长袖衫的缝合说明

七、检查

对各个幅面的下数作整体检查,例如检查收针有边、无边的设定是否正确等,通过检查发现前后幅和袖幅的夹上收花部位都没有设定有边收花,更改后如图5－24所示。

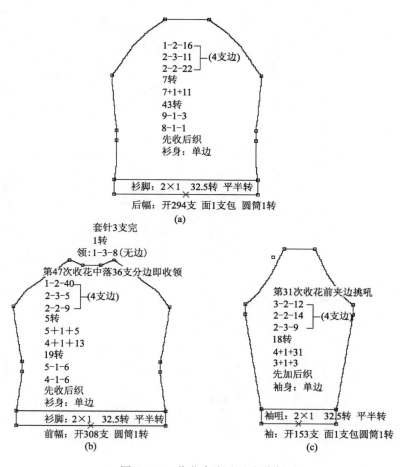

1-2-16
2-3-11
2-2-22 }(4支边)
7转
7+1+11
43转
9-1-3
8-1-1
先收后织
衫身:单边

衫脚:2×1　32.5转　平半转
后幅　开294支　面1支包　圆筒1转
(a)

套针3支完
1转
领:1-3-8(无边)
第47次收花中落36支分边即收领
1-2-40
2-3-5
2-2-9 }(4支边)
5转
5+1+5
4+1+13
19转
5-1-6
4-1-6
先收后织
衫身:单边

衫脚:2×1　32.5转　平半转
前幅　开308支　圆筒1转
(b)

第31次收花前夹边挑吼
3-2-12
2-2-14 }(4支边)
2-3-9
18转
4+1+31
3+1+3
先加后织
袖身:单边

袖咀:2×1　32.5转　平半转
袖　开153支　面1支包圆筒1转
(c)

图5－24　收花有边及无边设定

对领贴检查,发现领贴没有修改下数,对结尾增加了工艺说明,如图5－25所示。

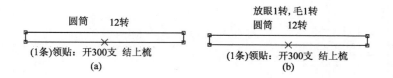

圆筒　　12转

(1条)领贴　开300支　结上梳
(a)

放眼1转,毛1转
圆筒　　12转

(1条)领贴　开300支　结上梳
(b)

图5－25　领贴修改下数前后工艺单

八、保存和打印

保存可以选择菜单"档案"的下拉菜单中的"另存新档",用某一名字保存在硬盘的某个文件夹中,打印预览如图5－26所示。

惠州纺织学院-姚晓林-编织规格表

2011-04-29(AM11:18)

尺码 M （客户名称：）

开单人：　　　下数师傅：

生产编号：（初办）

量度 单位：cm	前后幅插袖（针号：12针）
胸阔	50.0
肩阔	40.0
身长	62.0
夹阔斜度	23.0
上胸阔	38.0
胸斜	3.0
领阔	16.0
前领深	7.0
后领深	2.0
腰阔	46.0
腰距	42.0
下脚阔	48.0
领贴高	3.0
衫脚高	5.0
袖咀高	5.0
袖口阔	10.0
袖长撞边度	56.0
袖阔	17.0

毛料：单边
组织：10支拉14/8英寸
面字码：平方：6.15支×4.12转

衫脚及袖咀(2×1)
毛料：
面字码：10支 拉2 3/8英寸
平方：6.5转

领贴12针
圆筒10支 拉1 4/8英寸

放眼1转，毛1转
圆筒　12转

(1条)领贴：开300支 结上梳

毛料名称

每打落机重量(磅)
前幅重
后幅重
袖重
领贴重
其它
总重
复核人

后幅共33转 26,656粒
衫脚共227转 120,652粒
90支

80　90
78　308
14　286
55　286

衫脚共33转 27,925粒
衫身共214转116,108粒
2支（90支）2支

领：1-3-8(无边)
套针3支完
1转

第47次收花中落36支分边即收领
1-2-40
2-3-5（4支边）
2-2-9
5转
5+1+5
4+1+13
19转
5-1-6
4-1-6
先收后织
袖身：单边

衫脚：2×1 32.5转 平半转
前幅：开308支 圆筒1转

袖咀共33转 13,872粒
袖身共228转77,212粒
63支

80　63
14　221
134　221

第31次收花前夹边挑咀
3-2-12
2-2-14（4支边）
2-3-9
18转
4+1+31
3+1+3
先加后织
袖身：单边

袖咀：2×1 32.5转 平半转 圆筒1转
袖：开153支 面1支包 圆筒1转

8　90
67　90
78　284
14　284
55　284

1-2-16
2-3-11（4支边）
2-2-22
7转
7+1+11
43转
9-1-3
8-1-1
先收后织
袖身：单边

衫脚：2×1 32.5转 平半转
后幅：开294支 面1支包 圆筒1转

图5-26 打印预览

点击图标按钮 ![icon] 可以列印预览的内容,列印预览的结果如图 5－26 所示。检查没问题后可以直接点击图标按钮 ![icon] 进行打印。

第三节　范本文件的修改

一、平膊袖尾

1. 平膊款式增加袖尾尺寸的方法

(1)后幅增加交点并输入该点的水平和直向控制尺寸:在线段上按鼠标右键,选择菜单"新增交点"选项增加交点。在前幅肩阔尺寸上按右键,在菜单中选择"用作横向尺寸",此时会有一个黑色的箭头随鼠标移动,点击新增的两个交点,就完成了肩阔尺寸作为该两点间水平尺寸的操作,然后按鼠标右键点击"终止指令"退出,如图 5－27 所示。

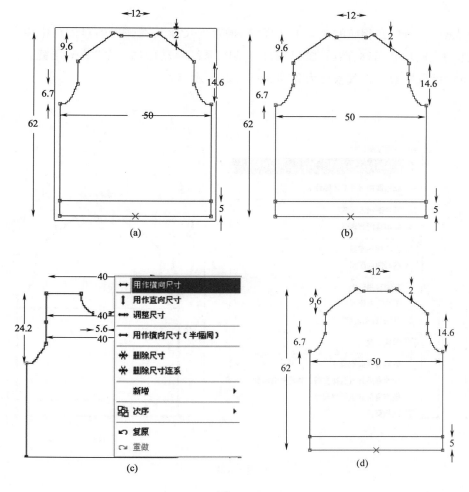

图 5－27

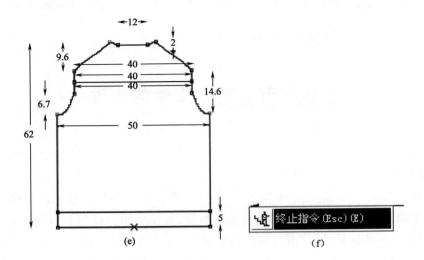

图 5 – 27　后幅增加交点并输入该点的水平控制尺寸

在该点点击右键,在相应的菜单中选择"新增直向尺寸",在弹出的对话框中输入"后袖尾缝合位"作为直向尺寸名称,然后在"师傅尺寸"中,系统自动增加一个"后袖尾缝合位"的新尺寸,可以点击该尺寸数值将其改变为 2,如图 5 – 28 所示。

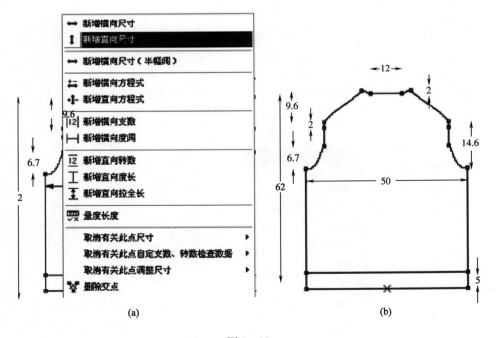

图 5 – 28

图 5 - 28　输入新增交点的直向控制尺寸

（2）前幅尺寸数值更改：前幅原来与袖尾缝合部分长度为后膊斜，现在要增大前袖尾缝合位尺寸，在该直向尺寸一个交点处按右键，在菜单中选择"新增直向方程式"，在对话框中输入"前袖尾缝合位＝后膊斜＋后袖尾缝合位"，如图 5 - 29 所示，并确定将该尺寸取代原来控制该部位的"后膊斜"尺寸。

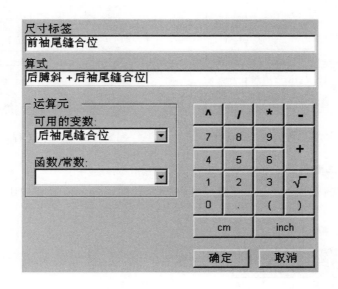

图 5 - 29　前袖尾缝合位方程式输入对话框

则前幅与袖尾缝合部分长度由原来的 9.6 加大到了 11.6，如图 5 - 30 所示。

（3）袖尾尺寸更改：在袖尾尺寸上按右键，在菜单中选择"修改方程式"，将原袖尾尺寸公式从"袖尾＝后膊斜"改为"袖尾＝后袖尾缝合位＋前袖尾缝合位"，如图 5 - 31 所示。

（4）袖山高尺寸更改：由于袖尾增加了，前后幅与袖尾缝合部位的尺寸增加了，因此与袖山高对应部位的尺寸就要降低，将原袖山高尺寸公式从"袖山高＝后夹阔直度 ×0.97"改为"袖山高＝（后夹阔直度 － 后袖尾缝合位）×0.97"，如图 5 - 32 所示。

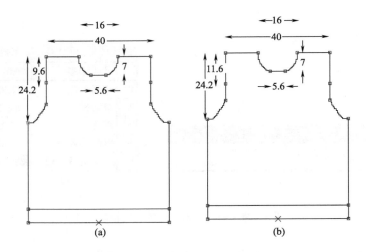

图 5 - 30　前袖尾缝合位改变前后的尺寸

图 5 - 31　袖尾方程式输入对话框

图 5 - 32　袖山高方程式输入对话框

2. 平膊袖尾的三种做法

(1)第一种做法:袖尾尺寸在"师傅尺寸"中给出,袖尾缝合位置和袖山高在方程式中给出,如图 5 - 33 所示。

客户尺寸	师傅尺寸	方程式
	尺寸标签	◀ M* ▶
1	袖尾	9.50
2	袖底平位	3.20
3	领贴长	39.27
4	腰直位	3.00
5	领贴圆筒高	0.80

(a)

袖尾缝合位置	袖尾 / 2
袖山高	(实际夹阔直度-袖尾缝合位置)* 0.95

(b)

图 5 - 33　袖尾"师傅尺寸"及方程式

(2)第二种做法:将袖山高从方程式转为"师傅尺寸",再从"师傅尺寸"转为客户尺寸,输入客户给定的袖山高数值,例如 15,将袖尾从"师傅尺寸"转为方程式,并修改方程式,袖尾 =(实际夹阔直度 - 袖山高)×2。

（3）第三种做法：若衣身扭叉位置对袖尾无边花前位置进行缝合,则袖尾尺寸要减去无边花的横向尺寸,将袖尾方程式修改为:实际袖尾 = 袖尾 - cm(2)。

二、收膊

范本平膊钑膊骨的膊采用的是挑膊孔,缝盘工人用包缝机包缝的方法,如果将其改成铲膊停针或者套针,即可将其改成"平膊收膊花"的范本。

如图 5 - 34 所示,先将两个肩点删除,由于原"膊斜"尺寸由这两个肩点定义,随着肩点删除,膊斜尺寸也消失,新增"膊斜"直向尺寸,然后修改下数,去除原来的夹边挑孔标记,将膊位收针程式修改,容许一转收针,并选择"停针"或"套针",如图 5 - 35 所示。

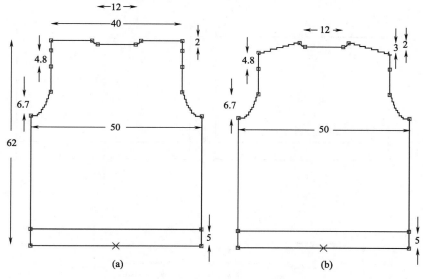

图 5 - 34　平膊钑膊骨范本删除交点

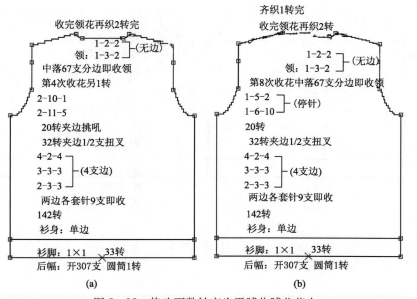

图 5 - 35　修改下数转变为平膊收膊花范本

　　反之,也可以将一个平膊收膊花的文件,改为平膊钑膊骨。首先在肩部新增交点,用肩阔和膊斜定义新增交点的横向直向尺寸,然后修改下数,通过点击"上一组",移动变红线段的位置,当新增交点所形成的线段变红时,在右侧的下拉菜单中选择"挑孔后再织"完成操作,如图5-36所示。

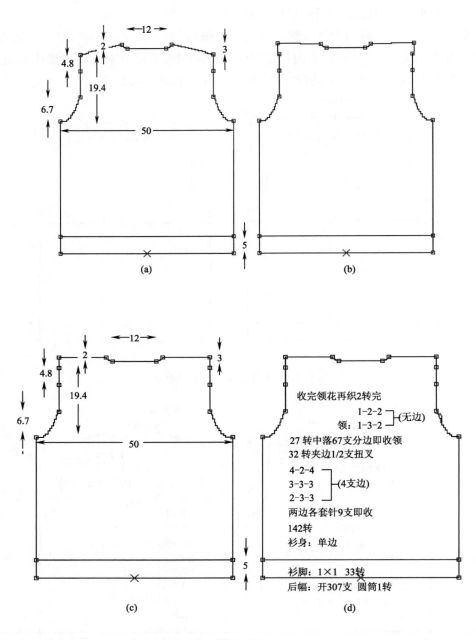

收完领花再织2转完
　　　　　1-2-2
领: 1-3-2 ┤(无边)

27 转中落67支分边即收领
32 转夹边1/2支扭叉

4-2-4
3-3-3 ┤(4支边)
2-3-3

两边各套针9支即收
142转
衫身: 单边

衫脚: 1×1　33转
后幅: 开307支　圆筒1转

(a)　　　　　　　　(b)

(c)　　　　　　　　(d)

图 5 - 36

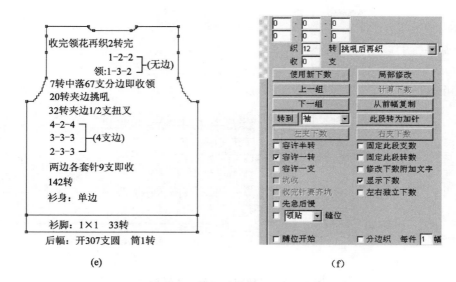

<table>
<tr><td>(e)</td><td>（f）</td></tr>
</table>

图 5-36　平膊收膊花范本转变为平膊铍膊骨范本

三、双层领后领挑孔

范本默认为后领作收领操作。在实际生产中，根据生产需要，有时候只是在后幅挑孔作标记，后领由缝盘工人沿挑孔标记裁剪并缝制，需要对范本进行修改。首先将后领底平位两个交点删除，然后"新增两个镜影标记"→"挑孔"→"下数从中偏左右留针"，并定义两个挑孔标记横向和直向尺寸分别为"后领底平位"和"后领深"，选择"修改下数"操作，将领阔两个点设定为"两边挑孔"，如图 5-37 所示。

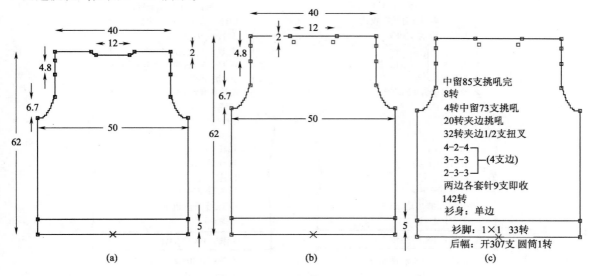

图 5-37　双层领后领挑孔操作

四、罗纹组织

罗纹俗称坑条，范本文件通常默认织物组织为平针，俗称单边，当织物组织为坑条时，需要对范本进行修改，首先在"字码及平方"分页，更改织物组织及字码，然后进入下数页面，如图

5 - 38 所示。

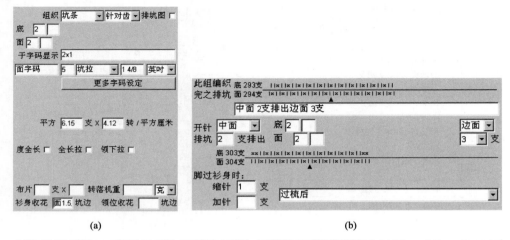

图 5 - 38   罗纹组织字码及下数修改

选择"上一组"按钮到收夹部位曲线变红,将"坑收"勾选,则系统自动按每次收 1 坑条来编写收针程式,同理当选择"上一组"按钮到领部位曲线变红,将"坑收"勾选,将领部曲线收针程式改为坑收,如图 5 - 39 所示。

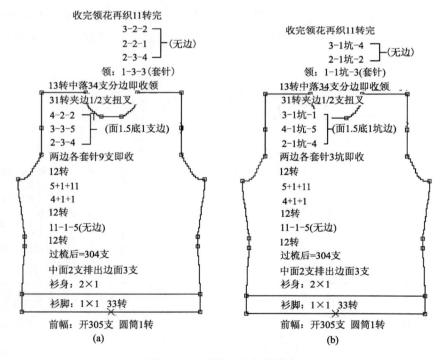

图 5 - 39   罗纹组织坑收设定

五、上胸阔加膊针

开单,在"前幅收夹后加针"选项选择"需要",针对前幅加针位置进行调整,系统默认在袖尾缝合位置处进行加针,若客户给出上胸阔测量位置即"上胸阔领边下"尺寸,则需要根据此尺寸进行更改,在客户尺寸中输入"上胸阔领边下"尺寸,输入"上胸阔"尺寸,例如36,删除后幅"袖尾缝合位置"尺寸的尺寸联系,则前幅"袖尾缝合位置"尺寸即被删除,新增直向尺寸"上胸阔领边下",然后新增镜影挂线标记,并将"袖尾缝合位置"尺寸用作两个标记的直向尺寸,后肩阔尺寸用作其横向尺寸,如图5-40所示。

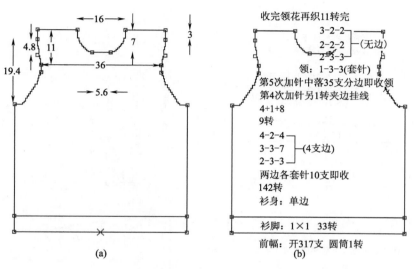

图5-40　上胸阔加膊针设定

六、袋

(一)原身出斜袋

开单,然后在客户尺寸中输入"袋高"、"袋至袋阔"、"脚至袋高"尺寸,在前幅"新增镜影尺寸标记→用户标记1→下数从中偏左右留针",设定镜影尺寸标记间横向距离为"袋至袋阔",标记到底边交点距离为"脚至袋高",如图5-41所示。

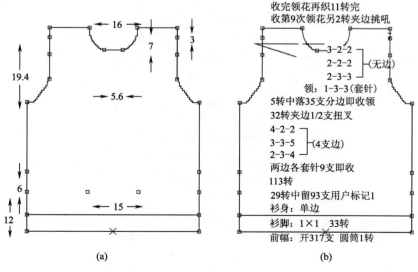

图5-41　原身出斜袋标记设定

在下数文字"用户标记1"上按右键,在弹出菜单中选择"修改文字",在对话框中将其改为"分边织袋"。对前幅修改下数,选择"上一组"按钮,当袋高线段变红时,勾选"修改下数附加文字",在弹出对话框中将文字"25 转"删除,输入"1 转,1 + 1 + 24,1 - 1 - 24,1 转合并齐织",并在右侧"25 转"旁边的下拉菜单中选择"不显示此段下数"。选择新增直线增加一条斜向线段,将加减针下数分隔,如图 5 - 42 所示。

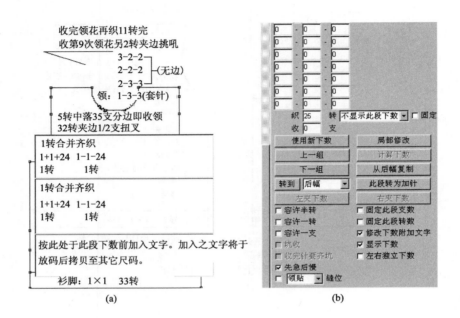

(a)　(b)

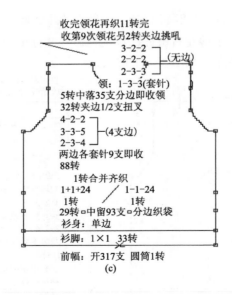

(c)

图 5 - 42　原身出斜袋标记用语修改

（二）袋鼠袋

在"字码及平方"的衫袋分页中，在袋款的下拉菜单中没有"袋鼠袋"选项，需要自行制定，首先在"客户尺寸"或"师傅尺寸"中输入袋有关尺寸"袋高"、"袋阔"、"袋顶阔"、"脚至袋高"、"袋斜高"，在前幅上新增 3 对镜影标记，可以选择"挂线"或"扭叉"标记，将袋有关尺寸通过新增尺寸操作，设定尺寸标记点的相对尺寸，如图 5-43 所示。

19	袋阔	25.00
20	袋高	16.00
21	袋顶阔	12.00
22	脚至袋距	15.00
23	袋斜高	8.00

(a)

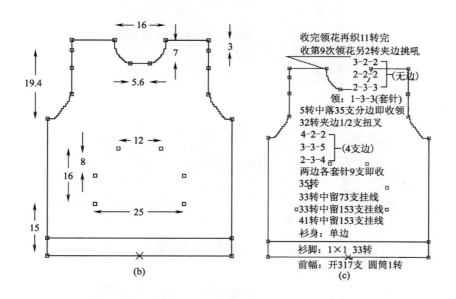

图 5-43　袋鼠袋标记设定

然后制作袋布和袋贴，在空白处"新增幅片"→"无衫脚"，更改幅片名称为"袋布"，新增交点并将袋有关尺寸复制到该幅片上。可以将幅片移动到前幅上，看是否与前幅尺寸标记对合。由于袋布与前幅缝合有缝耗，在前幅袋相关尺寸上双击或右键选择调整尺寸，将袋布的横向尺寸都加大 4 支，直向尺寸加大 1 转，如图 5-44 所示。

在空白处"新增贴"→"无衫脚"，更改幅片名称为"袋贴"，对袋布修改下数将袋贴缝位勾选，则在"师傅尺寸"中自动产生"袋贴长"尺寸，将该尺寸用作袋贴的横向尺寸，新增直向尺寸"袋贴高"，对袋贴修改下数将"每件 1 条"改成"每件 2 条"，如图 5-45 所示。

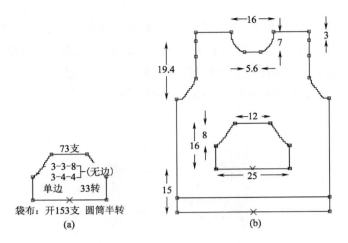

(a)　　　　　　　　　　　　　(b)

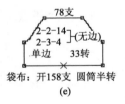

(c)

(d)　　　　　　　　　　　　　(e)

图 5-44　袋鼠袋的袋布设定

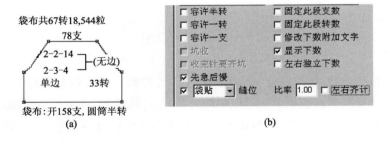

(a)　　　　　　　　　　　　　(b)

(2条)袋贴：开74支　圆筒半转

(c)

图 5-45　袋鼠袋的袋贴设定

（三）明、暗袋

系统默认一款毛衫可以有4种不同的袋,在衫袋分页通过在"共×种尺寸"的下拉菜单中选择1~4的数字来确定,系统自动在下数分页显示一个方形袋布贴,如果不需要,则将"隐藏衫袋"勾选,系统自动在"客户尺寸"中增加袋的相关尺寸,可以进行更改,在前幅按右键选择"新增袋位"或"新增镜影袋位",在袋左下角交点处按右键选择袋款,新增控制袋位置的"袋至袋距"、"脚至袋距"、"中位至袋"等尺寸到袋交点,如图5-46所示。

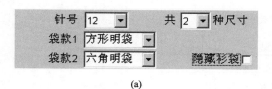

(a)

6	袋底斜位高	1.50
7	袋底阔	6.00
8	袋阔	8.00
9	袋高	8.00
10	袋底斜位高2	1.50
11	袋底阔2	4.00
12	袋阔2	6.00
13	袋高2	6.00
14	袋至袋距	18.00
15	脚至袋距	13.00
16	脚至袋距2	35.00
17	中位至袋	6.00

(b)

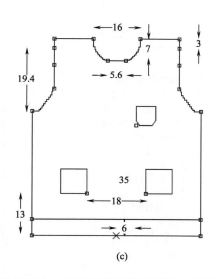

(c)

图5-46　明、暗袋设定

七、贴

1. 领贴

（1）圆领、V领分两条贴:当为领深较深的大圆领时,采用分两条贴的做法,开单并将前领深改为10,进入"字码及平方"的领贴分页,去除衫脚选项勾选,将组织改为坑条;进入下数分页,在空白处"新增贴"→"无衫脚",将贴名称更改为"后领贴";对后幅修改下数,在"领底平位"、"领收针曲线"处将后领贴缝位勾选,注意在"领收针曲线"处同时勾选"左右齐计"选项,如图5-47所示。

系统会自动生成后领贴长尺寸,将其用作后领贴的横向尺寸,并进行修改下数操作,在"字码及平方"的后领贴分页,将"组织、字码及平方跟领贴一样"勾选。领贴及后领贴如下图5-48所示。

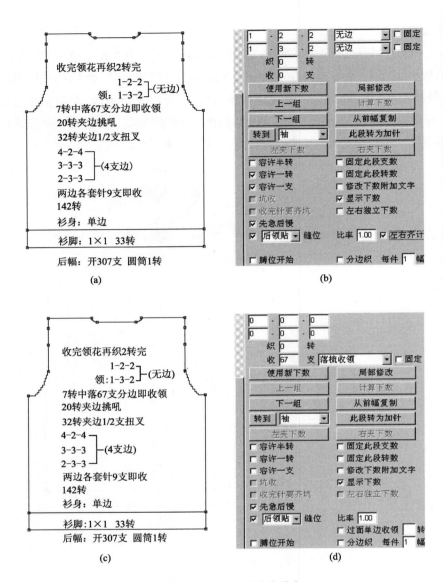

图 5-47　圆领领贴缝位设定

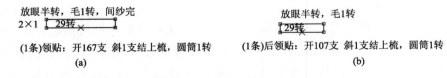

图 5-48　圆领领贴分两条工艺单

　　开单并选择 V 领范本,将领深加大,例如输入 20,在"领贴"分页将组织改为坑条,将"分长短领贴"勾选,系统自动生成长短领贴长尺寸,在空白处新增贴并更名"短领贴",新增短领贴长尺寸,在"字码及平方"的短领贴分页,将"组织、字码及平方跟领贴一样"勾选,将原领贴的名称更名为"长领贴"。V 领长短领贴工艺单如图5-49 所示。

(1条)长领贴：开265支 底1支包圆筒1转　　　　(1条)短领贴：开152支 圆筒半转

(a)　　　　　　　　　　　　　　　(b)

图5-49　V领长短领贴工艺单

（2）疏结字码及圆筒：开单并进入"字码及平方"分页的领贴分页，系统默认领贴有衫脚，可将脚组织根据需要进行更改，例如由底1面1（针对针）罗纹更改为底2面2（针对齿）罗纹，将字码由原来一个字码改为两个，即疏字码及结字码，例如疏字码为5坑拉$2\frac{5}{8}$，结字码为5坑拉$2\frac{2}{8}$，由于领贴通常不放码，因此可以采用直接输入转数的方式来制定工艺单，对领贴修改下数，在领贴高转数后面的下拉菜单中选择"不显示此段下数"，然后勾选修改下数附加文字，在弹出对话框中输入"疏字码×转，结字码×转"，例如"疏字码10转，结字码10转"。领贴疏结字码工艺单如图5-50所示。

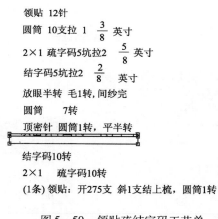

领贴　12针

圆筒　10支拉$1\frac{3}{8}$英寸

2×1 疏字码5坑拉$2\frac{5}{8}$英寸

结字码5坑拉$2\frac{2}{8}$英寸

放眼半转　毛1转，间纱完

圆筒　　7转

顶密针　圆筒1转，平半转

结字码10转

2×1　疏字码10转

(1条) 领贴：开275支 斜1支结上梳，圆筒1转

图5-50　领贴疏结字码工艺单

2. 长短胸贴

（1）1条长胸贴和1条短胸贴：V领开胸衫开单，在"字码及平方"分页中将领贴勾选去除，勾选胸贴，在胸贴分页"胸贴缝口位"选项下拉菜单中选择"领侧"，则系统在"师傅尺寸"列表中自动生成"短胸贴长"和"长胸贴长"两个尺寸，其中短胸贴为一侧从领侧到底边的长度，不包含后领阔，长胸贴包含后领阔。系统自动将短胸贴建好，长胸贴需要手动建立，通过新增横向尺寸和用作横向尺寸和新增直向尺寸等方式，将长胸贴尺寸设定好，完成胸贴的制作。

（2）1条后领和2条胸贴：V领开胸衫开单，在"字码及平方"分页中将领贴勾选，在领贴分页将"只用后领贴"勾选，进入下数分页，系统在"师傅尺寸"列表中自动生成"后领贴长"和"胸贴长"尺寸，其中胸贴长为从一侧领侧到底边的长度，不包含后领阔，相当于上例中短胸贴的长度，对胸贴设定尺寸后进行修改下数操作，将"每件1条"更改为"每件2条"。

（3）1条胸贴：V领开胸衫开单，在"字码及平方"分页中将领贴勾选去除，勾选胸贴，在胸贴分页"胸贴缝口位"选项下拉菜单中选择空白,则系统在"师傅尺寸"列表中自动生成"胸贴长"尺寸,对胸贴设定尺寸后进行修改下数操作,将"每件 2 条"更改为"每件 1 条"。V 领长短胸贴设定、1 条后领 2 条胸贴设定及 1 条胸贴设定如图 5-51、图 5-52、图 5-53 所示。

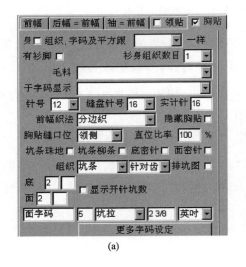

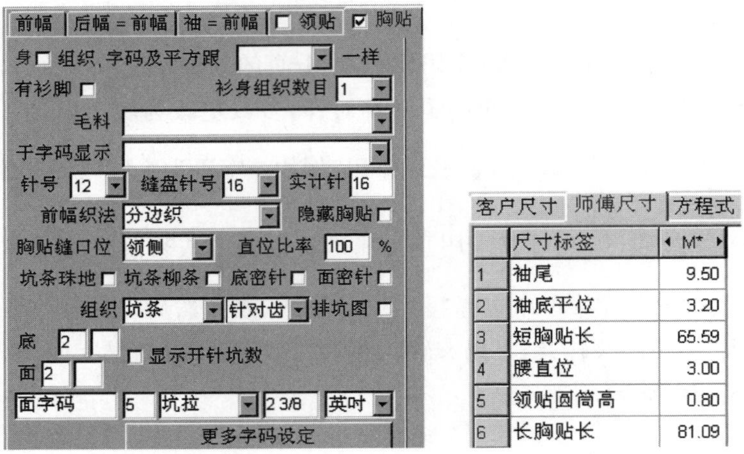

(a)　　　　　　　(b)

图 5-51　V 领长短胸贴设定

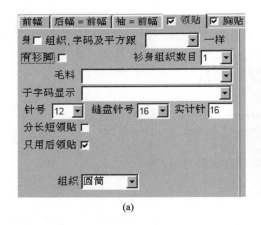

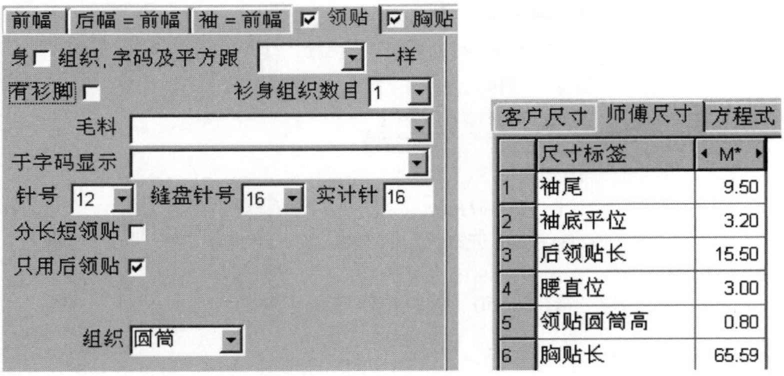

(a)　　　　　　　(b)

图 5-52　V 领 1 条后领 2 条胸贴设定

	尺寸标签	◄ M* ►
1	袖尾	9.50
2	袖底平位	3.20
3	腰直位	3.00
4	领贴圆筒高	0.80
5	胸贴长	146.68
6	后领贴长	15.50

图 5-53　V 领 1 条胸贴设定

（4）四平贴：跟 1 条胸贴做法相同，组织采用四平，"隐藏胸贴"选项被勾选，在下数分页新增文字，输入关于四平贴机号、毛料、尺寸、开针方式等信息，新增排坑图输入根据开针方式的排针示意图，新增方形将输入内容框住。由于系统默认给出的缝盘尺寸是以"支数"方向给出，而四平贴是"转数"方向尺寸，因此系统默认的尺寸不能使用，需要重新计算输入，例如10.3cm＝4英寸，在"缝合说明"分页选择"复制表格"和"修改表格"，打开修改表格对话框，输入 4 英寸数值，则数值由原来的"6 2/8"更改为"4"，以此类推，根据修改下数对话框中相应部位的尺寸数值，对缝合说明的其他上盘尺寸进行修改，V 领四平贴设定过程如图 5-54 所示。

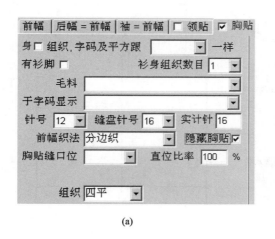

(a)　　　　　　　　　　　(b)

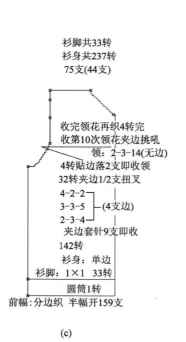

(c)　　　　　　　　　　　(d)

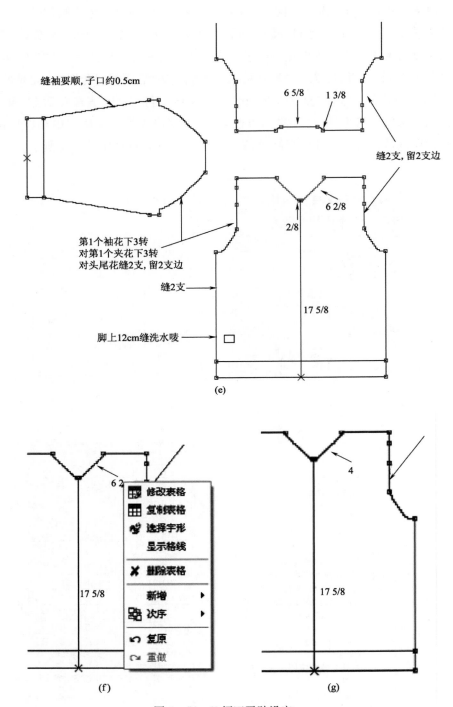

图 5 – 54　V 领四平贴设定

八、袖口开脚叉

首先开启范本,在袖口处新增镜影尺寸标记,在距离袖口袖叉高的位置,增加"用户标记 1"——

"下数从中偏左右留针",定义标记的横向距离"袖叉阔",纵向距离"袖叉高",通过将袖咀高用作直向尺寸,将袖口处尺寸标记与袖底边线重合,修改下数文字将"用户标记1"改为"两幅齐织","中留"改为"中齐加",将袖口开针不显示,新增横向支数给出底边2个标记点距离左右交点的距离,"不列印位置直线"并修改文字为"左×支"和"右×支"完成,左右对称袖叉设定如图5-55所示。

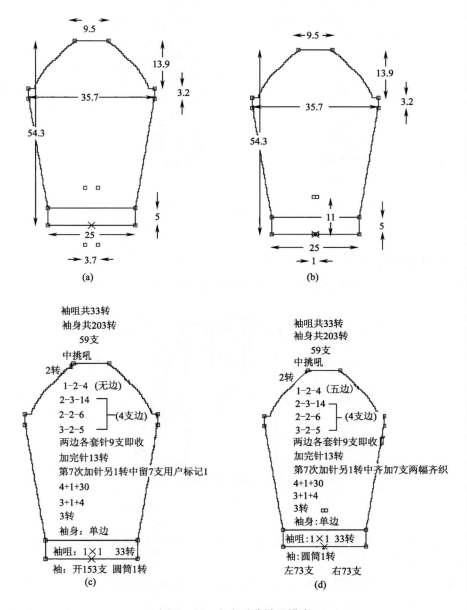

图5-55　左右对称袖叉设定

若袖叉左右不对称,则将袖底边的镜影尺寸标记改为两个单独的尺寸标记,通过新增横向方程式定义一个尺寸标记到左侧交点的距离,例如左开针=袖口全阔×0.4。左右不对称袖叉设定如图5-56所示。

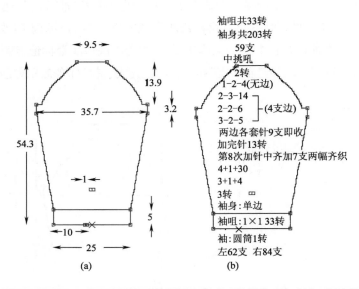

图 5 - 56　左右不对称袖叉设定

九、衫身单边加坑条

当衫身有组织变化,衣身中含有两种组织要处理,如图 5 - 57 所示。

图 5 - 57　衫身组织有变化的款式示意图

　　可以通过新增一个幅片,将幅片大小等同坑条部位的尺寸,将幅片的下数文字拖到衣身下数中,再将该幅片隐藏。

　　首先在衣身中将坑条的横向和直向尺寸定出,在衣身中间新增尺寸标记点,在肩部新增 1 个交点,定义肩部两个交点的横向距离和到中间尺寸标记点的直向距离,新增幅片并将衣身标记点的横向和直向尺寸复制到幅片,将幅片的"字码及平方"分页的组织更改为 5 × 1 坑条,修改下数将加针改为"坑收"方式并修改下数程式,然后将下数文字拖到衣身下数部分,将幅片外形和文字隐藏不列印完成操作,设定过程如图 5 - 58 所示。

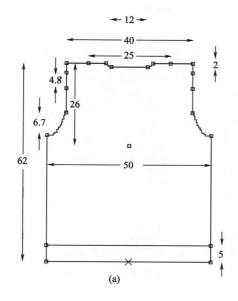

(a)

	尺寸标签	◄ M* ►
1	袖尾	9.50
2	袖底平位	3.20
3	领贴长	39.27
4	腰直位	3.00
5	领贴圆筒高	0.80
6	袖叉阔	1.20
7	袖叉高	11.00
8	坑条高	26.00
9	坑条宽	25.00
10	A	0.20

客户尺寸　师傅尺寸　方程式

(b)

前幅 ┃ 后幅 = 前幅 ┃ 袖 = 前幅 ┃ ☑ 领贴 ┃ ☐ 胸贴 ┃ ☐ 衫袋 ┃ 幅片1

身☐ 组织,字码及平方跟 ⬚ 一样

有衫脚 ☐　　　　衫身组织数目 1 ▾

毛料 ⬚

于字码显示 ⬚

针号 12 ▾

坑条珠地 ☐　坑条柳条 ☐　底密针 ☐　面密针 ☐

组织 坑条 ▾ 针对齿 ▾ 排坑图 ☐

底 2 ⬚　　☐ 显示开针坑数

面 5 ⬚

于字码显示 5x1

面字码 10 支拉 ▾ 1 4/8 英吋 ▾

更多字码设定

(c)

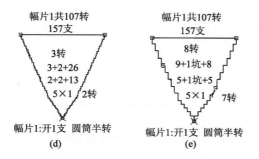

(d)　　　　　　　　　　　(e)

图 5 – 58

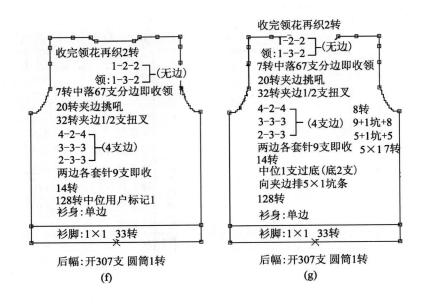

图 5-58　衫身单边加坑条设定

十、膊位一侧缝贴

膊位一侧缝贴款式示意图如图 5-59 所示。制作过程如下,首先开启一平膊收膊花的范本,在前幅缝贴位修改下数,将该位 3 个相关线段选择"左右独立下数",将前幅直向尺寸"衫长"、"夹阔"、"袖尾缝合位置"、"前领深"、"膊斜"通过"删除尺寸"或"删除尺寸联系"删除,再将左侧直向尺寸重新建立,在右侧缝贴位置新增直向方程式"前右袖尾缝合 = 袖尾缝合位置 - 膊贴阔"完成操作,设定过程如图 5-60 所示。

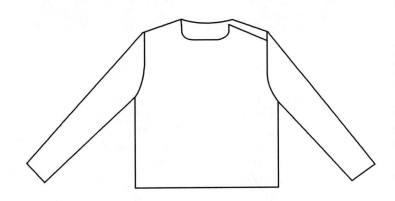

图 5-59　膊位一侧缝贴款式示意图

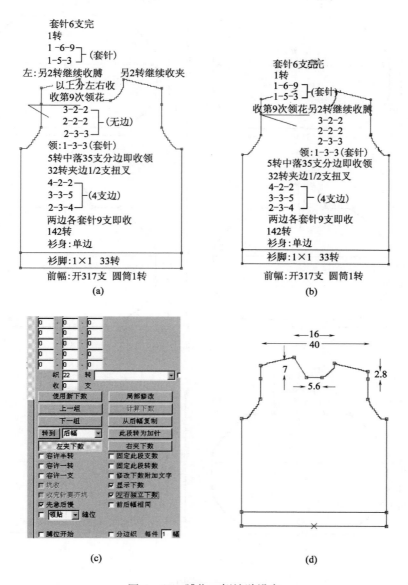

图 5-60　膊位一侧缝贴设定

十一、帽贴边加针

　　将帽底部首先新增交点定出中位点,再在两侧曲线通过新增多个交点,新增 2 对交点,通过新增横向、直向尺寸定义新增交点的横向、直向尺寸,例如"中平位"、"帽贴阔"、"帽直位高"、"帽领高"等,进而控制贴边加针的高度、针数和直位的高度。修改下数选择"分边织",完成操作,设定过程如图 5-61 所示。

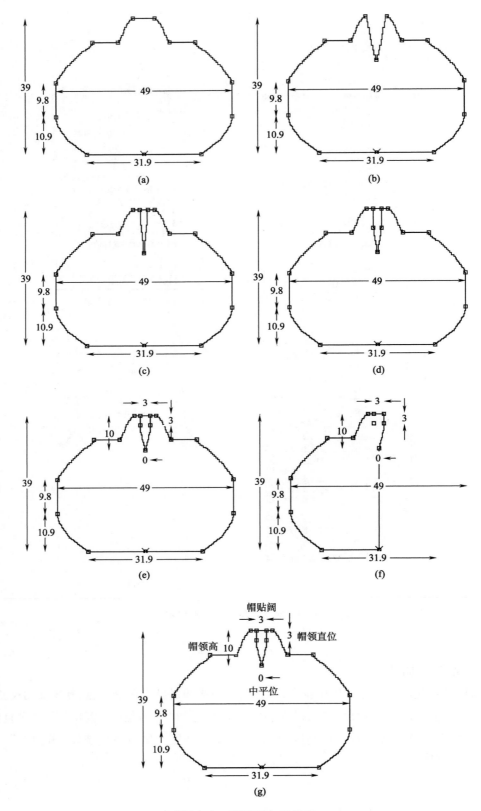

图 5 - 61　帽贴边加针设定

十二、膊骨走前

若前后幅长度相等,则膊骨(肩缝)既不走前也不走后,若后幅比前幅长,则膊骨走向前幅,一种方法是通过新增直向方程式更改后幅和前幅所有相关直向尺寸来实现,通过新增直向方程式,将后幅"后身长"、"后夹阔"、"后领深"、"后袖尾缝合位置"均增大一定尺寸,例如半英寸,将前幅"前身长"、"前夹阔"、"实际前领深"、"前袖尾缝合位置"均减小一定尺寸例如半英寸,完成操作,设定方法一如图 5-62 所示。

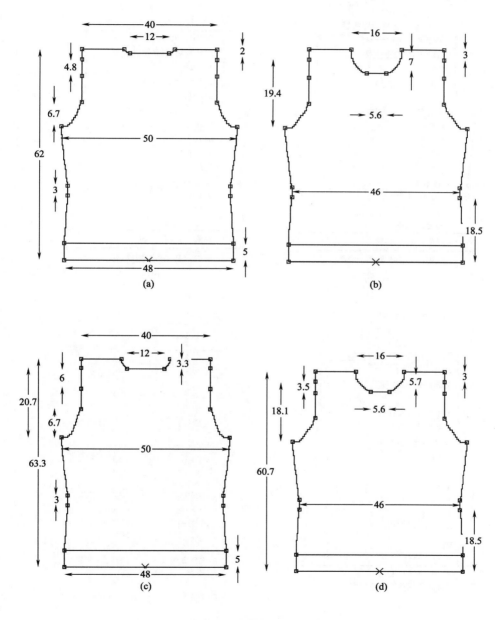

图 5-62　膊骨走前设定方法一

　　另一种方法操作比较简单,只需要通过"局部修改"更改前后幅袖尾缝合位置和通过"调整尺寸"更改前后领深尺寸即可。下面以后身比前身长,膊骨走前为例来说明,设定方法二如图5-63 所示。

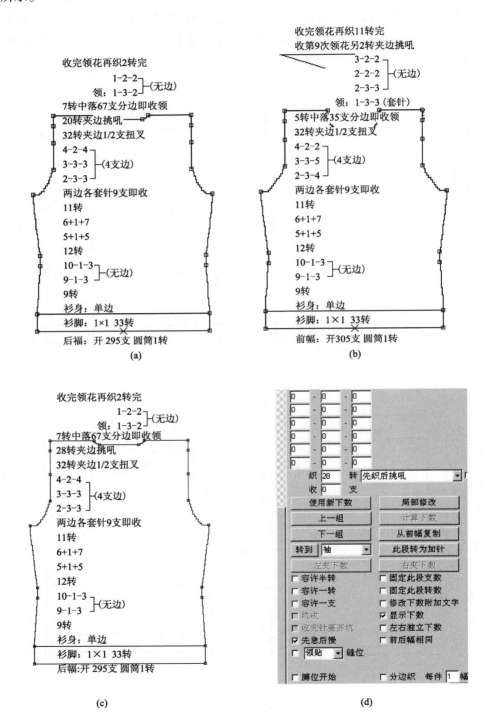

图 5-63

后领深 (厘米)			2.00
	调整	调整	实际尺寸
后幅	1.88	8 转	3.88

(e)

前领深 (厘米)			7.00
	调整	调整	实际尺寸
前幅	-1.90	-8 转	5.10

(f)

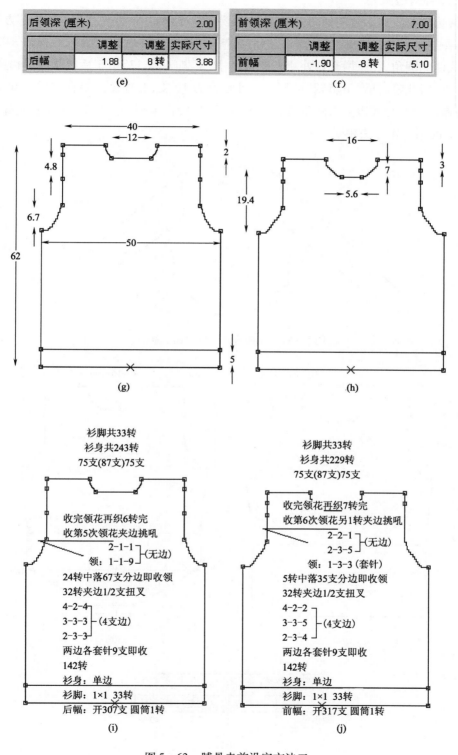

图 5－63　膊骨走前设定方法二

十三、衫脚两边圆角

衫脚两边圆角款式示意图如图 5 - 64 所示。制作过程如下：首先在"字码及平方"分页将"衫脚"选项去除，将"下脚阔"尺寸删除，然后新增横向方程式"后开针阔 = 下脚阔 ×0.25"，新增交点形成两侧圆角，在新增交点处新增横向尺寸"下脚阔" = 12，由于后幅腰阔等横向尺寸都做大了 10 支，因此将新增"下脚阔"的调整尺寸也设为 10 支，此外还需要直向尺寸确定两侧圆角高度，在新增交点与底边交点间新增直向方程式"加针高 = 身长 ×0.2"完成后幅操作，如图 5 - 65 所示，前幅操作方法相同。

图 5 - 64　衫脚两边圆角款式示意图

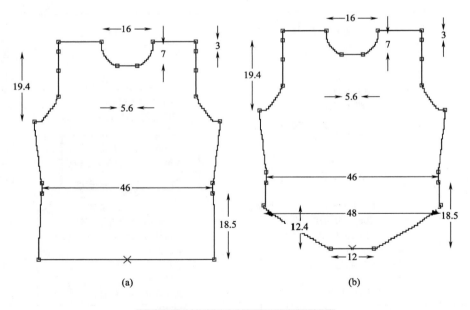

(a)　　　　　　　　　　(b)

下脚阔 (厘米)			48.00
	调整	调整	实际尺寸
后幅	1.59	10 支	49.59

(c)

图 5 - 65　衫脚两边圆角设定

十四、同一幅面多个组织

若同一幅衫片中有几个不同的组织，其设定方法如图 5 - 66 所示。首先在"字码及平方"里面，设置好需要几个组织，再定每个组织的用毛、织法、字码、平方，然后选定颜色。到下数版块里，鼠标对着需要转变组织的线段上的点，点击右键，再选择所需组织，此时线条的颜色会发生改变，方便操作人员检查。

下面以某背心款式为例，来说明同一幅面多组织的操作方法。首先开启一个 V 领后膊收膊花的范本，在"字码及平方"分页设定衫身组织数目和各组织种类，在下数分页将幅面中需要转变组织的位置设置交点，在该交点处按右键，在弹出的下拉菜单中选择"转组织"，选择转到所设定的组织，系统会自动将不同组织的线条设定为不同颜色，以方便检查，如图 5 - 66 所示。图中"收花"书面语为"多针式暗收针"。

在"转组织"位置，修改下数对话框，都会显示排坑和加针缩针选项，根据组织不同而有所变化，例如本例中单边转罗纹，如图 5 - 67 所示，图中"3 ×2"为 3 + 3 罗纹组织。

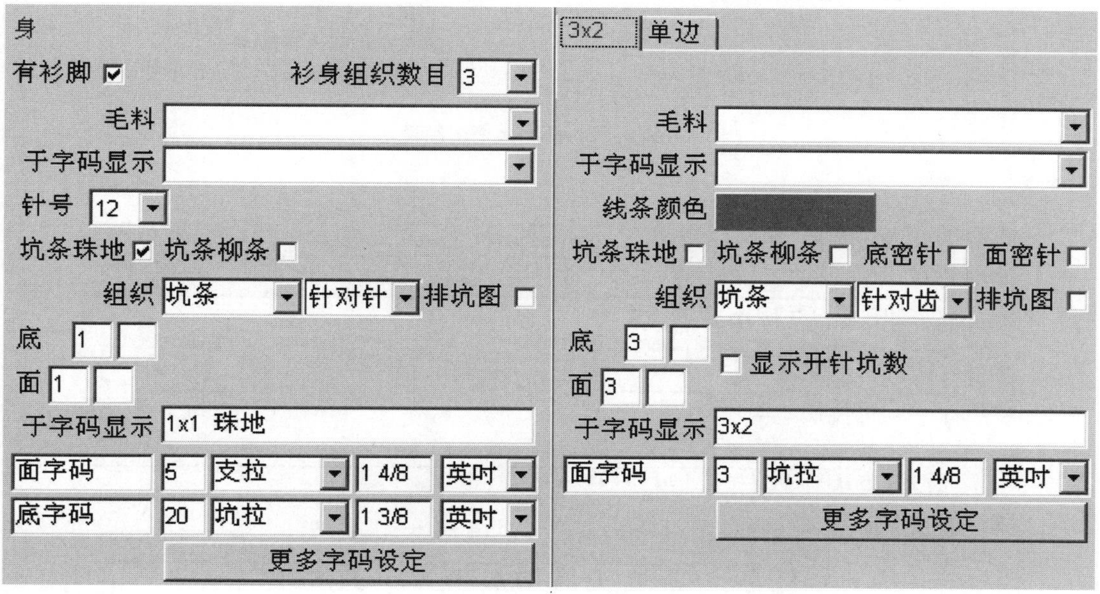

(a)

图 5 - 66

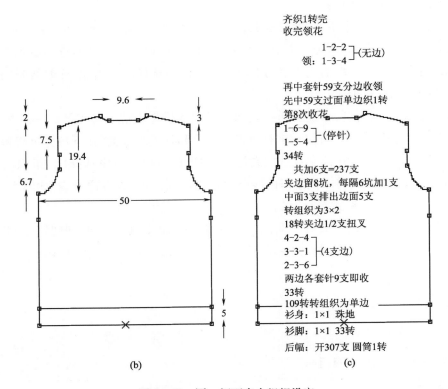

图 5－66　同一幅面多个组织设定

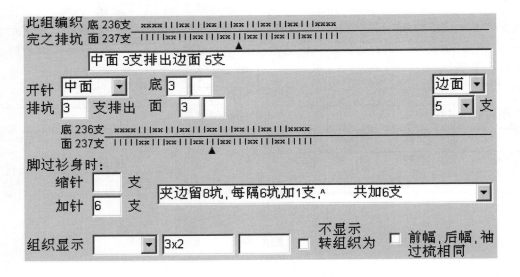

图 5－67　"转组织"位置排坑和加针缩针对话框

图 5－68 所示为另外 2 个衫身多组织款式的例子。

袖身共207转

袖身56支

中挑机，
收完花1转
夹边留32支，每隔29支缩1支，
中面2支排出边面7支
第13次收收花转组织为2×1 A1色3条毛
1-2-4　（无边）
2-3-1
2-2-3
3-2-9
两边各套针9支即收
加完针21转
共留7支=226支
夹边留29支，每隔27支加1支
中面4支排出边面7支
加完针转组织为4×2 A色2条毛
两边2支排出边面7支
中底2支排出边面7支
第22次加针转组织为2×1 A1色3条毛
4+1+6
3+1+10
3+1+15
4+1+7
先加后织
过梳后=145支
中底3支排出边面4支
袖身：3×2 A色2条毛
30转

袖眀：1×1　斜1支A1色3条毛
袖：开146支 1×1上梳，圆筒1转
袖全长拉25 4/8寸

杉身共336转
74支(89支)74支
过面单边再织1转
1-6-9　(停针)
1-5-4
11转
11转贴边收领
收完花32转夹边以1/2支扭叉
共缩9支=237支
夹边留27支，每隔23支缩1支
中底2支排出边面4支
收完花转组织为2×1 A1色3条毛
第7次收收花中落18支分边分织
3-2-5　（4支边）
3-3-5
2-3-2
两边各套针9支即收
11转
6+1+4
5+1+8
共加9支=302支
夹边留31支，每隔29支加1支
中面4支排出边面3支
20转转组织为4×2 A色2条毛
两边2支缩出边面1支=293支
中底2支排出边面5支
收完花转组织为2×1 A1色3条毛
3-1-25　（无边）
4-1-18
4转
过梳后=381支
中面3支排出边面7支
杉身：3×2 A色2条毛
30转

10转
2-3-6　（无边）
1-3-3　（套针）
左8支　右9支
以上贴边分左右套针收

杉脚：1×1　斜1支A1色3条毛
前幅：开382支 1×1上梳，圆筒1转
前幅全长拉41 3/8寸

(a)

1支过底半转再织1转
3-8-1　（无边）
领：3-7-1

杉身共334转
74支(89支)74支
收完花过面单边再织1转
第10次收收花中落59支分边分织
1-6-9　(停针)
1-5-4
20转
32转夹边以1/2支扭叉
共缩7支=237支
夹边留32支，每隔29支缩1支
中底2支排出边面4支
收完花转组织为2×1 A1色3条毛
4-2-6　（4支边）
2-3-5
两边各套针9支即收
11转
6+1+4
5+1+8
共加9支=292支
夹边留30支，每隔28支加1支
中面4支排出边面4支
20转转组织为4×2 A色2条毛
两边各缩出边面3支
两边2支排出边面1支=283支
中底2支排出边面3支
收完花转组织为2×1 A1色3条毛
3-1-25　（无边）
4-1-18
4转
过梳后=371支
中面3支排出边面2支
杉身：3×2 A色2条毛
30转

杉脚：1×1　斜1支A1色3条毛
后幅：开372支 1×1上梳，圆筒1转
后幅全长拉41 1/8寸

图5-68

169

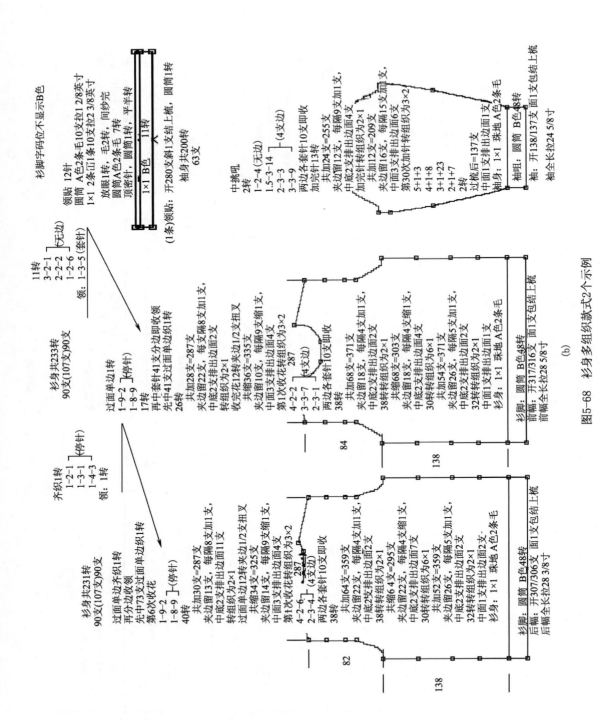

图5-68 衫身多组织款式2个示例

（b）

第四节 各种款式范本制作

一、和尚袍

1.制作方法一 开单后将前领底平位公式更改为"领阔×0.00001",加大前领深尺寸,新增横向方程式"前胸阔＝胸阔×2＋cm(2)"代替胸阔尺寸,将前胸阔尺寸用作横向尺寸到衫脚,同样的"前肩阔＝肩阔－cm(1.5)＋胸阔"代替肩阔尺寸,并用作横向尺寸到下面相同尺寸的几个交点;"前领阔＝领阔－cm(1.5)＋胸阔"。在"修改下数"对话框中将"分边织"勾选,即完成和尚袍的范本制作,如图5-69所示。

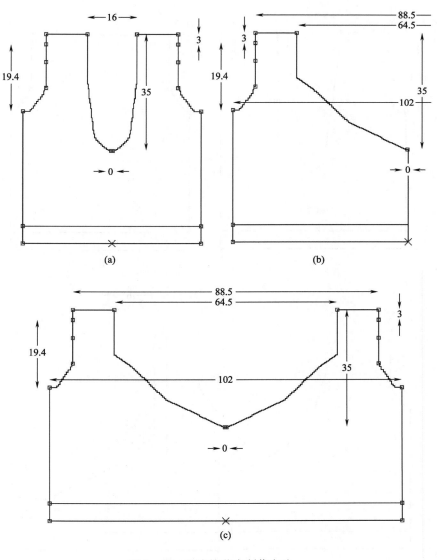

图5-69 和尚袍范本制作方法一

2. 制作方法二 开启 V 领范本,将前领深改大为 40,在前幅幅片上按右键,在弹出菜单中选择"取消有关此幅片尺寸"→"所有尺寸",并选择"全幅左右不平衡",由于和尚袍左右不对称,为了方便对幅片中的交点进行控制,在幅片外增加 3 对镜影尺寸标记点,通过将后幅尺寸用作横向尺寸,分别将前幅 3 对尺寸标记的尺寸定为"领阔"、"肩阔"和"胸阔"。将后幅的直向尺寸复制到前幅的左侧交点,将前幅领阔及交点删除,并拖动形成和尚袍的形状,将后幅"胸阔"、"肩阔"和"领阔"用作横向尺寸分别从左右侧交点到相应的镜影尺寸标记点,新增直向尺寸"前领深"和"贴边高",给右侧两个交点定直向尺寸,将"胸阔"尺寸"用作横向尺寸(半幅阔)"来定义右侧前领深底部交点的横向尺寸,将后幅"身长"尺寸"用作直向尺寸",将前领除前领深底部交点外,其余交点都重合为一个交点,最后修改下数,对收夹部位重新输入套针数和收针程式并计算下数,制作过程和结果如图 5-70 所示。

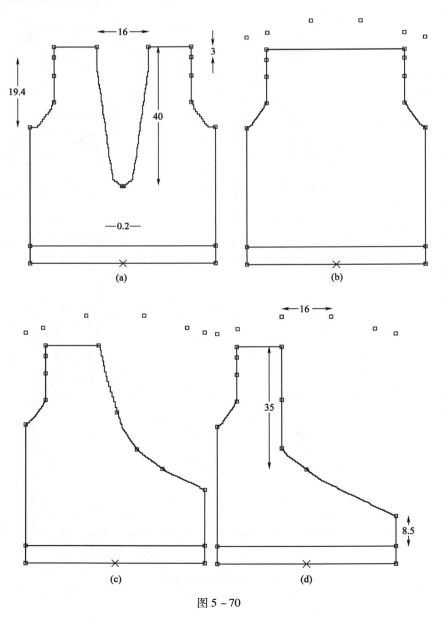

图 5-70

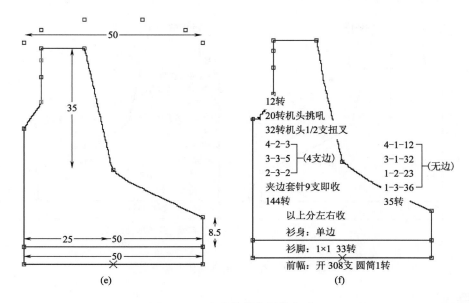

图 5－70 和尚袍范本制作方法二

3. 制作方法三 开启 V 领范本,将前领交点删除,选择"取消前幅幅片所有尺寸"及"全幅左右不平衡",在幅片中央新增尺寸标记并在尺寸标记上按右键,在弹出菜单中选择"移至中央"选项,将后幅所有直向尺寸选择"用作直向尺寸"复制到前幅左侧各交点,将后幅横向尺寸"肩阔"、"胸阔"选择"用作横向尺寸(半幅阔)",定义前幅左侧各交点到中央标记点的横向尺寸。将右侧交点拖动到和尚袍的形状,将后幅"胸阔"用作横向尺寸到右侧交点,"用作横向尺寸(半幅阔)"到前领深底部交点,"领阔"用作横向尺寸(半幅阔)到前领交点,通过将后幅"身长"用作直向尺寸把前领多余交点重叠,新增直向尺寸"前领深"和"贴边高",制作过程和结果如图 5－71 所示。

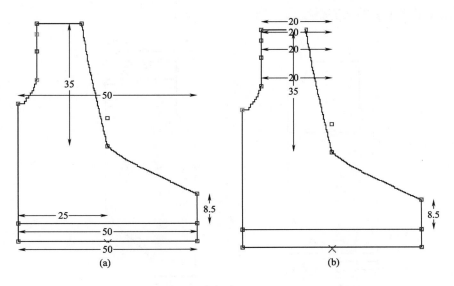

图 5－71

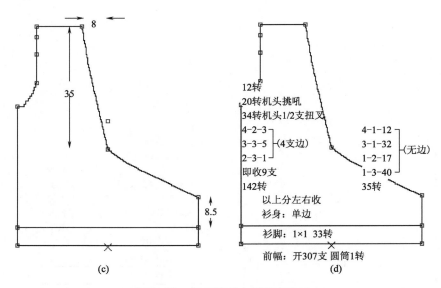

12转
20转机头挑吼
34转机头1/2支扭叉
4-2-3
3-3-5 （4支边）
2-3-1
即收9支
142转
以上分左右收
衫身：单边
4-1-12
3-1-32 （无边）
1-2-17
1-3-40
35转

衫脚：1×1 33转
前幅：开307支 圆筒1转

(c)   (d)

图 5 - 71　和尚袍范本制作方法三

二、圆角衫

1. 制作方法一　开单后前幅类似和尚袍的做法,将所有幅片尺寸取消,并选择全幅左右不平衡,将领部交点删除,新增尺寸标记点并移至中央,将"胸阔"和"肩阔"尺寸用作半幅阔,从左侧相应交点到该尺寸标记点,将后幅直向尺寸复制到前幅左半部分,新增横向尺寸"衫脚开针阔"并将尺寸数值输入,例如"12",将右部交点拖动形成圆角衫的基本形状,将"胸阔"用作半幅阔,从右侧相应交点到左侧相应交点,将"领阔"用作横向尺寸（半幅阔）,从侧颈点到尺寸标记点,新增横向尺寸（半幅阔）"前领底平位",新增直向尺寸"前领深",并用前领深尺寸将多余交点重合。选择修改下数将衫脚开针方式修改,并在"字码及平方"分页去除前后幅脚相同的选项,在修改下数页面将衫脚转数选择"不显示此段下数",衫脚组织用空格删除,或在下数页面直接用修改文字将多余的文字删除,结果如图 5 - 72 所示。

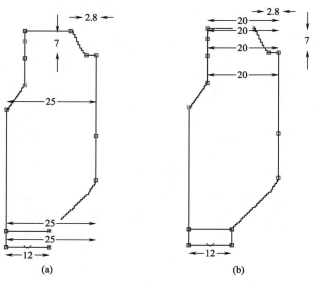

(a)   (b)

图 5 - 72

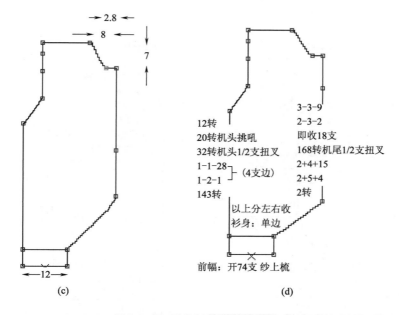

图 5 – 72　圆角衫范本制作方法一

2. 制作方法二　利用领部修改来实现,在领部线上新增多个交点,并拖至圆脚衫的形状,通过将胸阔用作半幅阔把领部新增左右侧交点重合,将衫脚高用作直向尺寸,将领底部两点与衫脚线重合,新增横向尺寸"衫脚开针阔",并将尺寸更改为"12",修改下数将领底部下数不显示,在"字码及平方"分页取消前后幅衫脚相同选项,衫脚开针及衫脚转数不显示,衫脚组织删除,并勾选"分边织"选项;在"下数"页面修改文字以删除文字"衫脚",选择"新增横向支数"并在横向支数文字数值上按右键,在弹出菜单中选择"不列印位置直线",最后用"修改文字显示"在空格中分别输入文字"开"和"支"完成操作,选择修改文字将"领"删除,"领花"改成"针",制作过程和结果如图 5 – 73 所示。

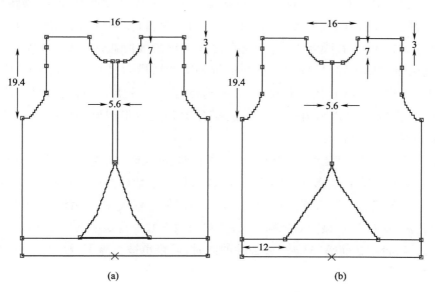

(a)　　　　　　　　　　　　　　　(b)

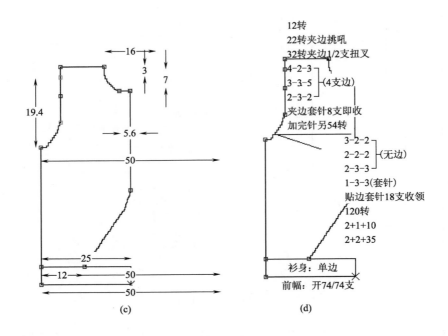

图 5 - 73   圆角衫范本制作方法二

3. 制作方法三　将前幅左侧夹边作领边而中间领边作夹边是此方法的主要思路,首先将前幅所有标注尺寸"领阔"、"实际夹阔直度"、"膊斜"、"领底部尺寸"删除,在后幅重新新增所有前幅被删除尺寸,将肩阔与前幅的关联尺寸删除,由于后幅肩阔关联尺寸也会随之删除,因此在后幅重新将肩阔尺寸复制到到关联部位,然后在领中新增多个交点,根据夹边交点的数量新增 4 个交点,将后幅夹边直向尺寸复制到前幅领边新增交点,通过将胸阔用作半幅阔将前幅新增领边最下面 2 个交点重合,将前幅夹边多余 3 个交点重合,将领阔尺寸用在前幅夹边作半幅阔,新增横向方程式"单肩阔 =(肩阔 - 领阔)/2",并将其用作横向尺寸到领边下面 3 个交点,以保持该直线竖直,将两交点之间的锯齿线段通过修改下数将收针程式清 0来去除,先将后幅胸阔删除尺寸联系,再在前幅衫脚新增横向尺寸"开针阔 = 24",然后再通过用作横向尺寸建立胸阔其他关联尺寸,在夹边新增 1 个交点,并将胸阔尺寸用到该交点,新增直向尺寸"前领深"和"圆角高","圆角高"定义该交点形成圆角的直向尺寸,外形制作过程和结果如图 5 - 74 所示。

外形完成后还要修改下数才能最终完成范本制作,进入修改下数并勾选"分边织"选项,在"字码及平方"分页去除后幅脚与前幅相同的选项,修改下数将"圆筒 1 转"、"33 转"不显示,"组织 1 × 1"用空格删除,在"下数"页面将文字"衫脚"通过修改文字去除,在幅片上按右键,在弹出菜单中选择"检视"→"显示右半幅"。在衫脚修改下数中需要注意的是须将"前后幅相同"选项的勾选去除,否则在前幅"33 转"被去除的同时,后幅也被去除了,修改下数前后的显示结果如图 5 - 75 所示。

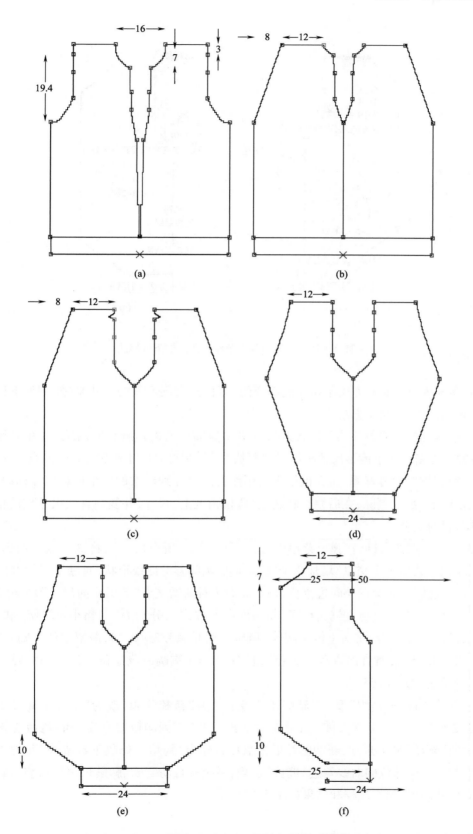

图 5 – 74　圆角衫范本制作方法三的外形制作

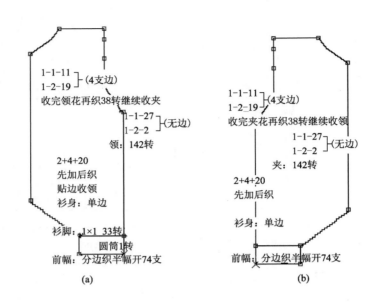

图 5-75　圆角衫范本制作方法三的下数修改

4. 制作方法四　制作方法不是一成不变的,可根据自己习惯的方式来做,例如下面为开胸收腰圆角衫的又一种制作方法。

开启范本,在"字码及平方"分页去除后幅和袖幅与前幅衫脚相同的选项,并去除前幅衫脚,在前幅下方新增 2 个镜影尺寸标记,将"衫脚高"复制直向尺寸到前幅 2 个镜影尺寸标记点,将后幅"衫长"删除尺寸联系,也在前幅重新用作直向尺寸到新增的 2 个镜影尺寸标记点,将前幅"腰位角度上"尺寸删除,在后幅重新建立"腰位角度上"尺寸,并复制直向尺寸到前幅新增的 2 个镜影尺寸标记点。

在领平位交点按右键,在弹出菜单中选择"取消此点所有尺寸",将该交点拖动到底边,并在两侧线段上"新增多个交点"增加 3 个交点,形成圆脚衫的曲线形状,通过将"衫脚高"用作直向尺寸,将靠近底边的交点与底边重合,将上面的 2 对新增交点"新增横向尺寸"增加"胸贴阔"尺寸,将下面的 2 个交点与左侧交点间"新增横向方程式",分别为"前幅小位半阔"和"前幅中位半阔",横向方程式为:前幅小位半阔 =(胸阔 – 胸贴阔)/2×0.35,前幅中位半阔 =(胸阔 – 胸贴阔)/2×0.75,新增直向方程式为:贴边铲针高 =(胸阔 – 胸贴阔)/2×0.18,贴边总高 = (胸阔 – 胸贴阔)/2×0.65。

修改下数选择"分边织"及"不显示开针指示",将"落梳收领"改为"不显示此段下数",在圆角下面 2 个交点与左侧交点间"新增横向支数",并"不列印位置直线"和"修改文字显示"。去除领位的"领贴"缝位选项,新增贴并更改幅片名称为"胸贴",修改下数改为"每件 2 条",并对前幅与胸贴缝合部位的曲线勾选"缝位"选项,系统会自动生成"胸贴长"尺寸,将其在胸贴上用作横向尺寸即可,制作过程和结果如图 5-76 所示。

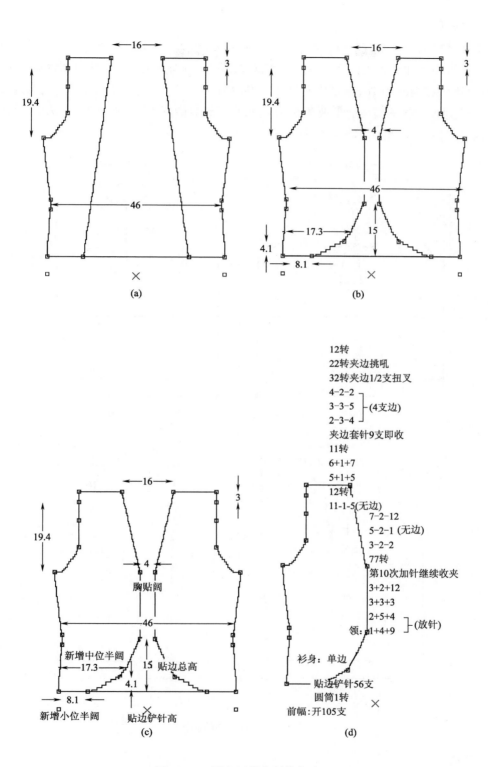

图 5 – 76　圆角衫范本制作方法四

三、西装领

开单并开启圆领范本,在领底新加 2 个交点,通过领阔用作半幅阔将底部 2 个交点重合,通过领深用作直向尺寸保证上面 2 个交点在领底线段上,新增直向尺寸"贴边加针高",在"师傅尺寸"列表中将数值改为 16,新增横向尺寸"领底平位尺寸",系统自动给出该尺寸数值 2.6,在"师傅尺寸"列表中将该尺寸数值改为 5,并在修改下数对话框中勾选"分边织"选项完成西装领的制作,制作过程和结果如图 5 - 77 所示。

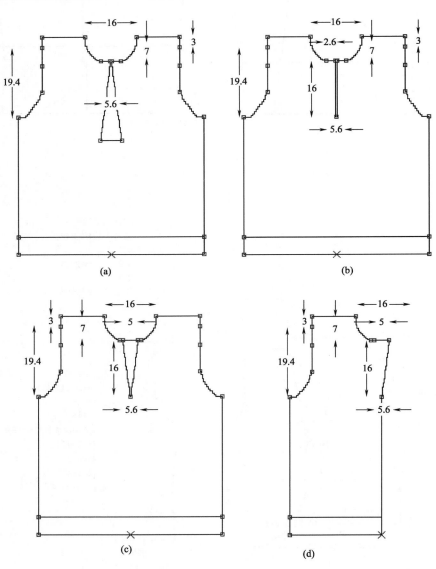

图 5 - 77　西装领的制作

四、背心

开单后将袖子所有尺寸取消,在检视中选择不显示袖,将前后幅"袖尾缝合位置"尺寸删除,并将袖尾缝合位置相应的一个交点删除,将"客户尺寸"、"师傅尺寸"、"方程式"中有关袖子的尺寸和方程式删除,在"客户尺寸"中新增"夹贴"尺寸,例如2,若肩阔丈量为"边至边"而不是"缝至缝"的方式,需对前后幅肩阔尺寸更改。先删除肩阔尺寸,再新增横向方程式"后肩阔 = 肩阔 − 夹贴×2",并将其用作前幅肩阔横向尺寸,新增贴并将其名称改为"夹贴",前幅修改下数,将夹位与夹贴缝合处相应线段的"夹贴"缝位勾选,转到后幅对后幅夹位与夹贴缝合线段作同样的操作,则在"师傅尺寸"中系统自动产生一个"夹贴长"尺寸,长度为所有勾选夹贴缝位线段的长度之和,在夹贴上新增横向尺寸"夹贴长"以及新增直向尺寸"夹贴",对夹贴修改下数,输入每件2条。制作过程和结果如图5-78所示。

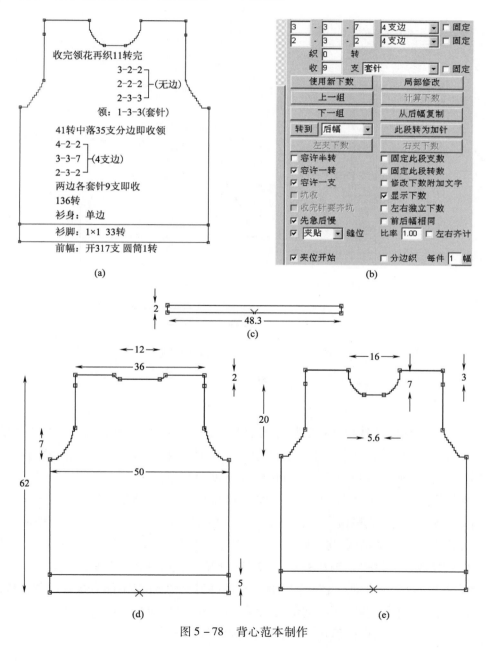

图 5 - 78　背心范本制作

181

在"缝合说明"分页,在夹位与夹贴缝合各线段,选择"新增上盘尺寸",如图 5 – 79 所示。

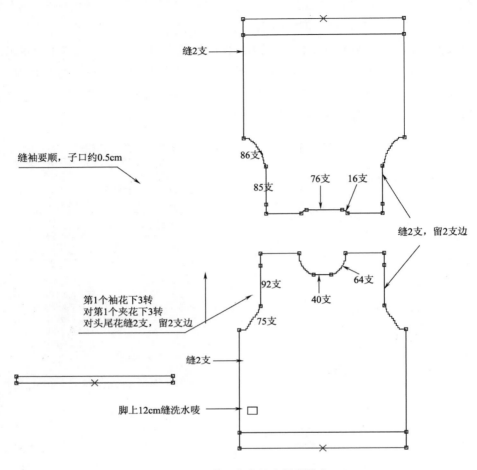

缝2支

缝袖要顺,子口约0.5cm

86支

85支   76支   16支

缝2支,留2支边

第1个袖花下3转
对第1个夹花下3转
对头尾花缝2支,留2支边

92支   40支   64支

75支

缝2支

脚上12cm缝洗水唛

图 5 – 79   背心范本缝合说明设定

五、开衫

开单时在"是否开衫"选项选择"是"来开启范本,但是该范本是默认采用明贴来作的,如果一边明贴一边暗贴,则不能使用该开衫范本,要进行修改。做法如下:先将袖隐藏,再将前幅复制,在原前幅分别作明贴和暗贴,将作明贴的前幅所有横向尺寸(包括"胸阔"、"肩阔"、"领阔"、"前领底平位")利用新增横向尺寸,例如"前胸阔 = 胸阔 – 胸贴阔"、"前肩阔 = 肩阔 – 胸贴阔"、"前领阔 = 领阔 – 胸贴阔"、"前领底平位 = 前领阔×0.45 – 胸贴阔"来取代原控制尺寸,使这些尺寸都减小一个胸贴阔,将作暗贴的前幅所有横向尺寸(包括"胸阔"、"肩阔"、"领阔")都增加一个胸贴阔,然后在"字码及平方"分页将"胸贴"勾选,并在该分页的织法下拉菜单中选择"分边织"选项,则系统自动产生一个"胸贴长"的师傅尺寸,注意不能直接针对前幅修改下数选择分边织,因为这样将不能产生"胸贴长"的师傅尺寸,可以对另一个复制的前幅用修改下数来进行分边织的设定。制作过程和结果如图 5 – 80 所示。

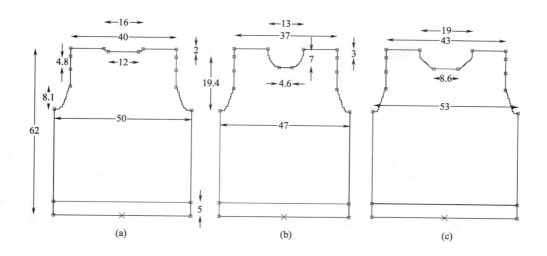

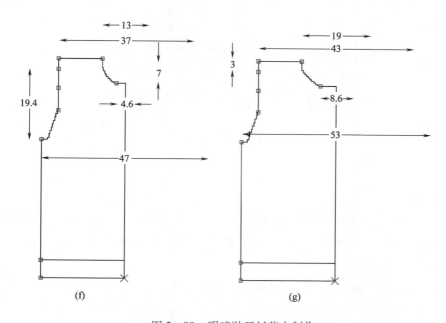

图 5-80 明暗贴开衫范本制作

第五节 放 码

一、尺码设定

点击"放码及尺寸"分页,点选"尺码设定"按钮,如图 5 – 81 所示,在"总计"下输入尺码的数量,例如 5,在"间距"中输入尺码之间的数值差异,例如"2",在"最小值"和"最大值"下面输入尺码的数值,例如"32"和"40",点击"数值尺码"下方的"产生"按钮,则在对话框左侧"将新增的尺码"下方会显示"32、34、36、38、40"等 5 个尺码。若是英文尺码,则点击"预调尺码"下方的"产生"按钮,则产生"XS、S、M、L、XL"等 5 个尺码。对话框中还包含"＋"和"－"按钮,用于想增加或减少尺码时使用。可用鼠标左键按住尺码拖动,改变尺码的上下排列顺序,"办单尺码"表示当前下数单的尺码数值。

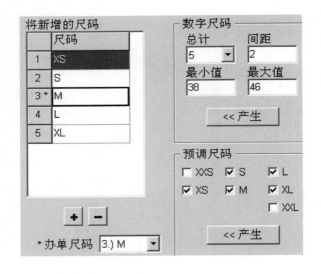

图 5 – 81　放码尺码设定

二、档差输入

如图 5 – 82 所示,将"放码与尺寸"分页左侧"模式"中的"相差"点选,则可以输入"客户尺寸"和"师傅尺寸"的档差,再点选"模式"中的"数值"选项,则系统自动生成各码尺寸数值,也可以点选"数值"直接输入各码尺寸数值。

对于档差不均跳的个别数值,可以在此时单独修改,如图 5 – 83 所示。

其中 XS 码和 XL 码的尺寸为单独修改后的数值。"师傅尺寸"中"领贴长"尺寸不需要在此输入,系统根据各码的领部位尺寸自动计算得出结果。

制单资料 | 字码及平方 | 放码及尺寸 | 下数 | 工序工时 | 缝合说明

客户尺寸 | 师傅尺寸

	尺寸标签	量度方法	XS	S	M*	L	XL
1	胸阔		-4.00	-2.00	50.00	2.00	4.00
2	肩阔		-2.00	-1.00	40.00	1.00	2.00
3	身长		-4.00	-2.00	62.00	2.00	4.00
4	夹阔斜度		-2.00	-1.00	21.00	1.00	2.00
5	上胸阔				38.00		
6	膊斜				3.00		
7	领阔		-1.00	-0.50	16.00	0.50	1.00
8	前领深		-1.00	-0.50	7.00	0.50	1.00
9	后领深		-1.00	-0.50	2.00	0.50	1.00
10	腰阔				46.00		
11	腰距				42.00		
12	下脚阔				48.00		
13	领贴高				3.00		
14	衫脚高				5.00		
15	袖咀高				5.00		
16	袖口阔				10.00		
17	袖长膊边度		-4.00	-2.00	56.00	2.00	4.00
18	袖阔		-2.00	-1.00	17.00	1.00	2.00

单位：厘米 / 英吋　模式：相差 / 数值　放码　尺码设定

(a)

制单资料 | 字码及平方 | 放码及尺寸 | 下数 | 工序工时 | 缝合说明

客户尺寸 | 师傅尺寸

	尺寸标签	量度方法	XS	S	M*	L	XL
1	胸阔		46.00	48.00	50.00	52.00	54.00
2	肩阔		38.00	39.00	40.00	41.00	42.00
3	身长		58.00	60.00	62.00	64.00	66.00
4	夹阔斜度		19.00	20.00	21.00	22.00	23.00
5	上胸阔				38.00		
6	膊斜				3.00		
7	领阔		15.00	15.50	16.00	16.50	17.00
8	前领深		6.00	6.50	7.00	7.50	8.00
9	后领深		1.00	1.50	2.00	2.50	3.00
10	腰阔				46.00		
11	腰距				42.00		
12	下脚阔				48.00		
13	领贴高				3.00		
14	衫脚高				5.00		
15	袖咀高				5.00		
16	袖口阔				10.00		
17	袖长膊边度		52.00	54.00	56.00	58.00	60.00
18	袖阔		15.00	16.00	17.00	18.00	19.00

单位：厘米 / 英吋　模式：相差 / 数值　放码　尺码设定

(b)

图 5 - 82　各码尺寸数值输入

	尺寸标签	量度方法	XS	S	M*	L	XL
1	胸阔		45.00	48.00	50.00	52.00	55.00
2	肩阔		37.00	39.00	40.00	41.00	43.00
3	身长		57.00	60.00	62.00	64.00	67.00

图 5 - 83　档差不均跳的个别数值修改

三、放码

点击"放码"按钮,进行放码,如果出现某一幅面某一尺码的修改下数对话框,并且出现线段分离的图像,例如前幅 S 码领部位线段分离,则须重新对该码该部位的收针程式进行设定,然后点选"使用新下数"按钮,完成修改。选择菜单"检视"下拉菜单中"显示各码外形"选项,则可以检查放码的外形变化情况,如图 5 - 84 所示,看形状是否有不合理的地方,可以到"放码与尺寸"分页重新输入尺寸,重新点选"放码"按钮进行放码操作。

之后点击左侧"尺寸标签"的尺码箭头,如图 5 - 85 所示,在各个尺码之间变换,检查各个尺码的下数,看看各个尺码收针曲线的形状是否合理,对不合理的地方通过修改下数进行修改。

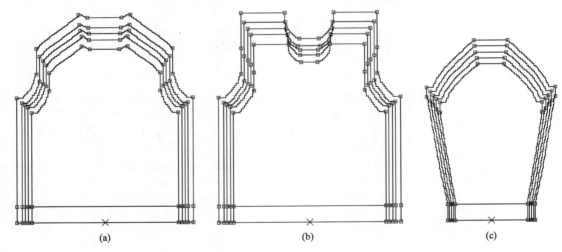

(a)　　　　　(b)　　　　　(c)

图 5 - 84　各码外形显示

客户尺寸	师傅尺寸	方程式

	尺寸标签	◄ L ►
1	胸阔	52.00
2	肩阔	41.00
3	身长	64.00
4	夹阔斜度	22.00
5	上胸阔	38.00
6	膊斜	3.00
7	领阔	16.50

图 5 - 85　尺寸标签

第六章　智能方格纸

第一节　操作界面及挂毛纸和花卡制作

一、方格纸界面

方格纸界面如图6-1所示。

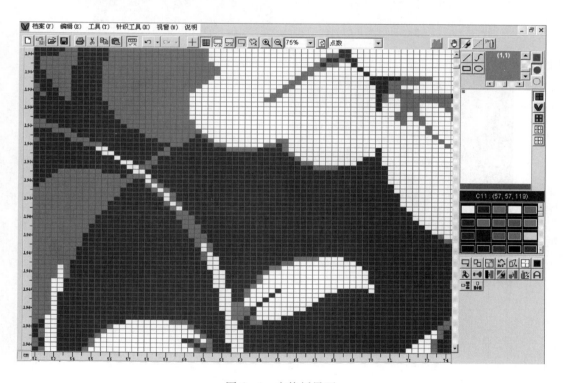

图6-1　方格纸界面

二、挂毛纸和花卡制作

下面以挂毛纸的制作过程为例加以说明,花卡的制作过程类似。

首先找到用于嵌花编织的图案,选择菜单"档案"→"建立新图像",类别选择"一般图像",颜色类别选择"256"色,不能选择"全彩图",全彩图会有较多的散点,挂毛设计的图像颜色数量不能太多,多数情况下进行图案操作的原素材会含有一些散点,利用软件的"颜色整合"功能按钮,将图案中的色彩散点清除,留下需要的颜色色块,如图 6 - 2 所示,将图像选择菜单"汇出图像档案"存储。

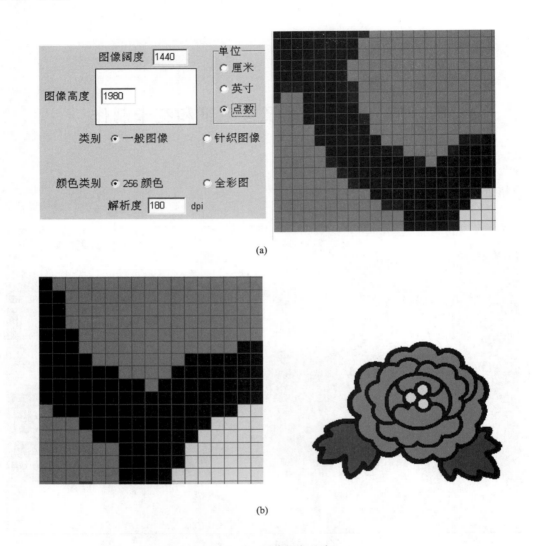

(a)

(b)

图 6 - 2　图像颜色整合

　　进入下数纸,打开某下数工艺单,选择菜单"档案"→"汇出幅片外形",选择菜单"档案"→"建立新图像",在对话框中点选"针织图像",可以同时限定一行中最多的颜色数,这项功能对于提花卡的设计很重要,因为花机对于同一横列的颜色数量是有编织限制的。再选择"汇入图像档案"打开挂毛的图像,打开的同时选择"缩小"和"固定比例"按钮,利用换色工具将挂毛图案的白色底色去除。将放大比例选择 100%,将图像中线条和色彩杂点修正,如图 6 -3 所示。

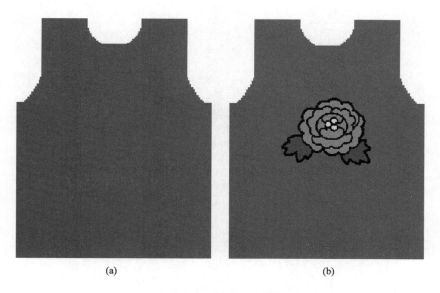

图 6 - 3　挂毛纸的制作

　　对图像满意后,对于嵌花图案,可以打印挂毛纸,可以选择只列印有花部分分页;对于提花图案,则可以打印花机打孔卡。

第二节　针织图像设定与编辑

一、设定针织图像

　　开启汇出的针织图像档案,点选右侧的组织并放置在衣片的相应位置,例如选择"3×3L 扭绳—右手先落"以及反针画直线,得到组织的最小单元如图 6 - 4 所示。

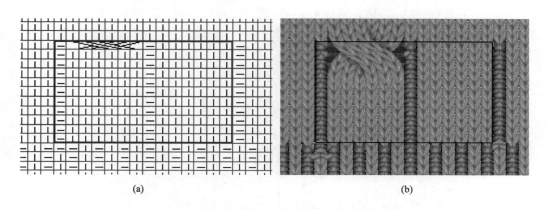

图 6 - 4　"3×3L 扭绳—右手先落"组织最小单元

　　用四方框选工具框选组织的最小单元,选择"图案填图",将整个衣片填充,如图 6 - 5 所示。

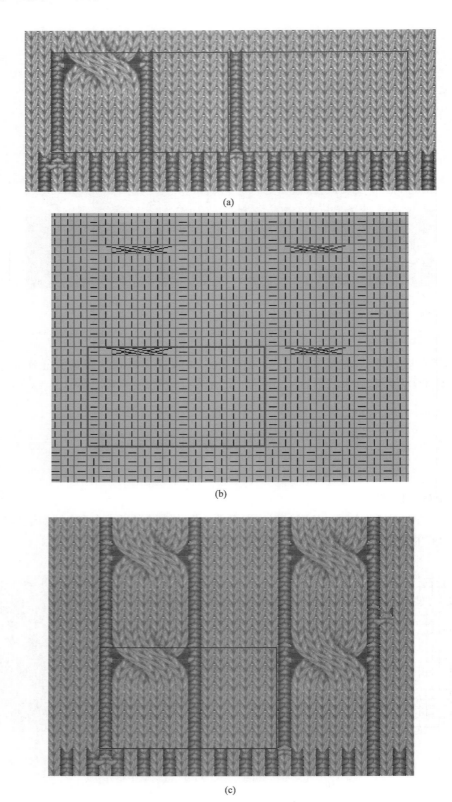

(a)

(b)

(c)

图 6 – 5　最小单元图案填图

在收夹部位将不合理的多余组织利用普通平针覆盖去除，如图 6 - 6 所示，对领子部位进行同样的处理。

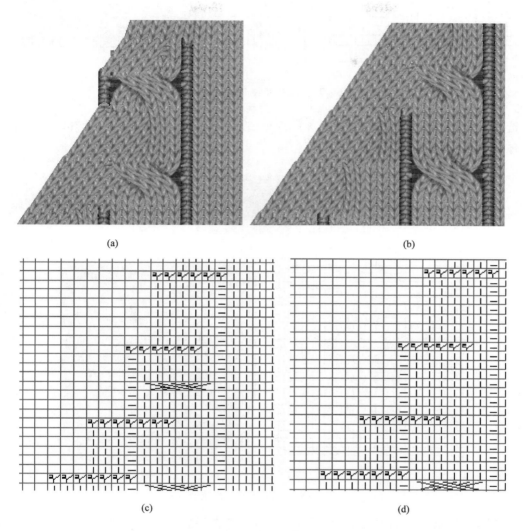

图 6 - 6　收针部位处理

同样选择组织"向右收 1 支"，沿斜线放置在衣片中相应位置，并将其对称复制，如图 6 - 7 所示。

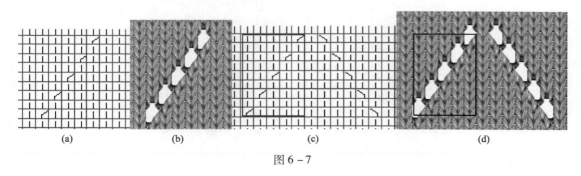

图 6 - 7

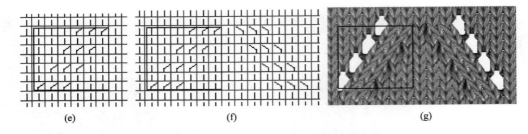

(e)   (f)   (g)

图 6 - 7   "向右移收 1 支"组合花型

选择"1×1 扭绳—右手先落"和"1×1 扭绳—左手先落"搭配形成花型,选择此花型作为最小循环单元循环,如图 6 - 8 所示。

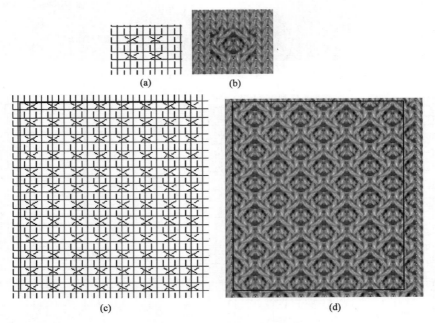

(a)   (b)

(c)   (d)

图 6 - 8   1×1 扭绳组合花型

选择"2×2L 扭绳—右手先落"与"2×2R—左手先落"搭配,形成花型并循环,可得到图 6 - 9 所示的花型。

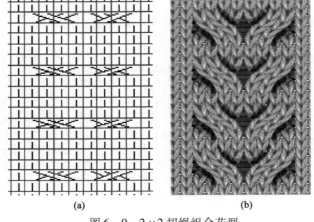

(a)   (b)

图 6 - 9   2×2 扭绳组合花型

选择绘画方形并填充反针,然后在反针上面画出扭绳,利用"2×2L"与"2×1L"组合,花型制作过程和结果如图 6 – 10 所示。

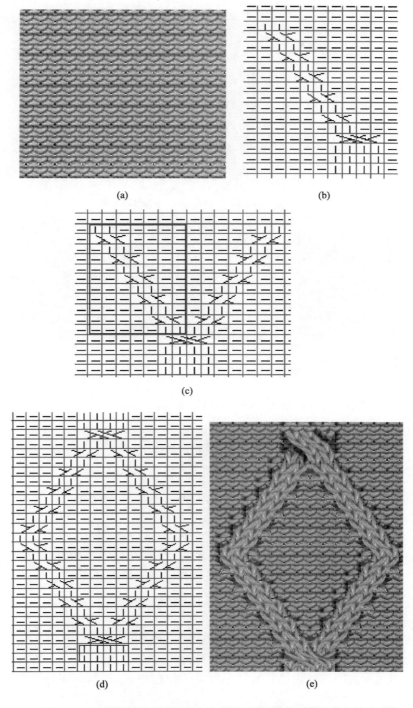

(a)

(b)

(c)

(d)

(e)

图 6 – 10 "2×2L"与"2×1L"组合花型制作

二、一般图像编辑

1.变形　变形有平行、扭曲、远景等多种方式,如图 6 – 11 所示。

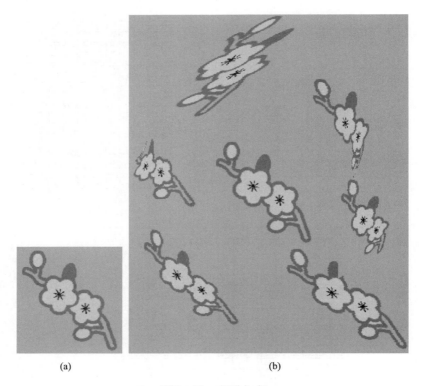

(a)　　　　　　　　　　　　　　　　　(b)

图 6 – 11　变形方式

2.循环　可进行倒影和镜影循环,如图 6 – 12 所示。

图 6 – 12　倒影和镜影循环

3. 复制　利用镜影、倒影以及镜影和倒影复制功能完成图像,如图 6 – 13 所示。

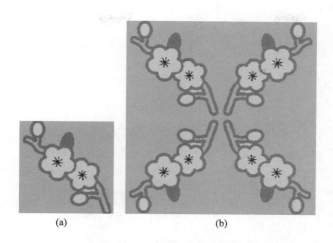

(a) 　　　　　　　　 (b)

图 6 – 13　镜影和倒影复制功能完成图像

4. 填色　可进行颜色和图案的填充。将画笔加粗,画几段不同颜色线段,将该线段旋转后填充衣片,如图 6 – 14 所示。

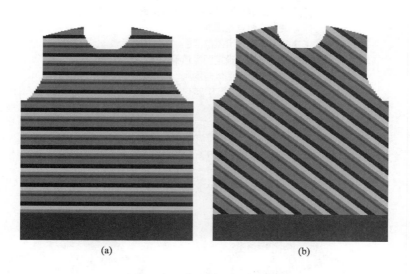

(a) 　　　　　　　　 (b)

图 6 – 14　线段旋转填充衣片

在填图中勾选倒影和镜影选项得到图像,如图 6 – 15 所示。

5. 设定图像范围　除了可以选取矩形范围外,还可以选择不规则图像范围,有几种设定不规则图像范围的方式,如图 6 – 16 所示,可选取物件、曲线、直线、方形、椭圆形、笔设定等。

当选取物件设定范围后,若颜色范围的数值设定较小,例如“5”,则图像中某些区域不能被选中,将颜色范围数值增大,例如“25”,可以将图像选择完整,如图 6 – 17 所示。

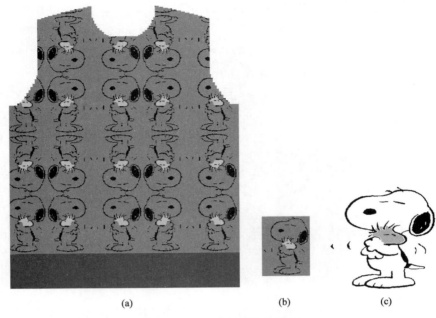

(a)   (b)   (c)

图 6 – 15   图像倒影镜影填图

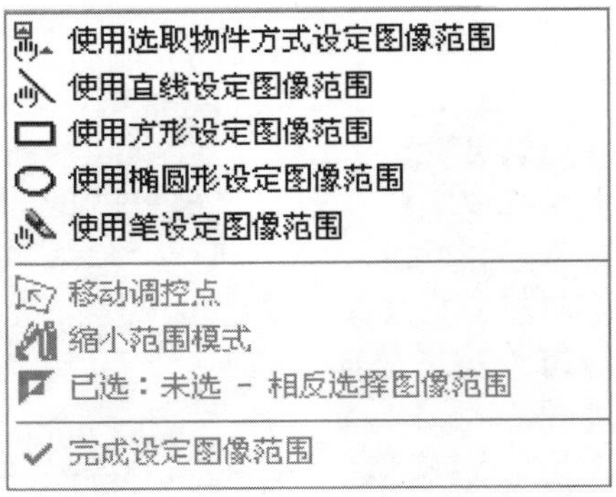

▣	使用选取物件方式设定图像范围
↘	使用直线设定图像范围
▭	使用方形设定图像范围
○	使用椭圆形设定图像范围
✍	使用笔设定图像范围
☞	移动调控点
⚲	缩小范围模式
⚑	已选：未选 – 相反选择图像范围
✓	完成设定图像范围

图 6 – 16   不规则图像范围方式

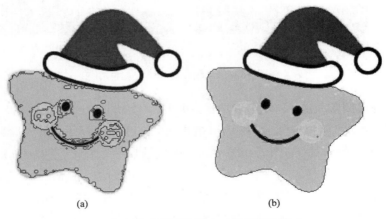

(a)   (b)

图 6 – 17   颜色范围数值设定对图像选取影响

　　根据图像大小先将笔形加粗,点击鼠标右键,在菜单中选择"使用笔设定图像范围",然后沿着图像绘画选择,若范围选择不准确,超出图像区域,可以点击鼠标右键,在菜单中选择"缩小范围模式",将多余的区域绘画去除,然后再在菜单中选择"增大范围模式"继续绘画,完成图像范围的设定,并将选定部分取出。如图 6 – 18 所示。

(a)　　　　　　　　　　　　　　　　(b)

图 6 – 18　使用笔设定图像范围

　　6. 图像笔、坑条笔的使用　可将某一图像作为笔进行绘画,可画出直线、曲线、方形或圆形等,如图 6 – 19 所示。

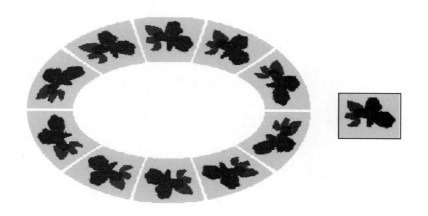

图 6 – 19　图像笔的使用

　　画出一个 T 形作为图像笔,用曲线在款式图上绘画,可用于模拟毛衫收花效果,如图 6 – 20 所示。

　　利用坑条笔可以模拟罗纹组织的效果,用来画出领部和下摆的罗纹,如图 6 – 21 所示。

　　7. 虚线笔的应用　将虚线笔的间距和阔度都输入为"1",然后选择直线进行绘画,完成针织图像设定。如图 6 – 22 所示。

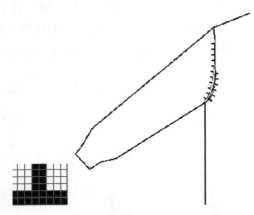

图 6 – 20　图像笔模拟毛衫收花效果

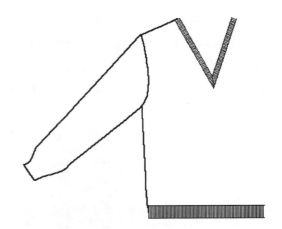

图 6 – 21　图像笔模拟罗纹组织

(a)

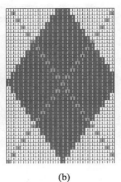

(b)

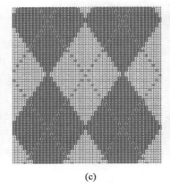

(c)

(d)

图 6 – 22　虚线笔的应用

虚线笔在一般图像中可以用来模拟缝合线迹,如图 6 – 23 所示。

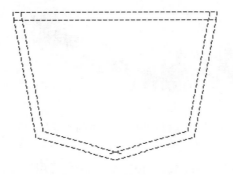

图 6 – 23　虚线笔模拟缝合线迹

第七章　电控档

随着针织机械的发展,越来越多的企业开始采用电脑横机作为主要的编织设备,因此与电脑横机软件和机器的接驳也逐渐成为 CAD 软件的一个重要组成部分。

第一节　汇出电控档流程

一、下数纸汇出方格纸

首先将下数纸汇出针织图像,如图 7 - 1 所示。

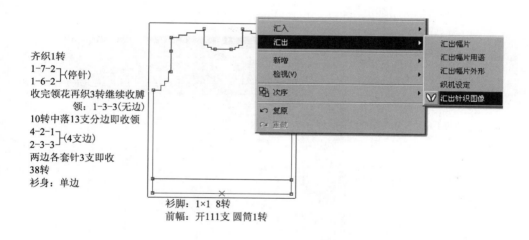

图 7 - 1　下数纸汇出针织图像

汇出后需要进行编织"参数设定"和"织机设定",如图 7 - 2、图 7 - 3 所示。

为了更好地满足每间工厂对于参数分段的习惯,在"织机设定"中,可以根据本厂的习惯,来定义每个动作或组织的参数分段,并且储存成范本的形式,便于下次使用。需要注意的是:同一个分段,对应的参数必须相同(例如:字码段第 3 段为面 220、底 200,那么所有使用第 3 段的,在织机设定中,必须是面 220、底 200),该"织机设定"的参数,存储在某文件中,便于共享范本,例如"智能下数纸"安装路径中的:\ASP Creation\SmartKnitter\Data 中的 Knit-MSet. bin 文件。

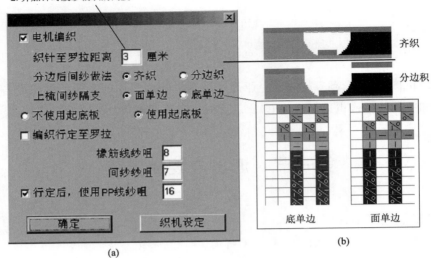

图 7 - 2　编织参数设定

用于存储范本的名称
输入名称后点储存/更新范本
再点左下方的储存

用于定义每个动作/组织
的参数

	字码段数	面字码	底字码	罗拉段数	罗拉拉力	速度段数	速度
起底板	25	700	700	24	20	2	30
空机	1	350	350	1	0	7	120
过针	23	400	400	2	11	3	40
落布	1	350	350	2	11	3	40
行定	20	180	180	20	25	4	60
四平间纱	21	240	240	21	33	4	60
单边间纱	22	393	393	22	33	4	60
PP线	2	503	503	18	30	5	80
上梳	18	40	150	18	30	4	60
上梳后圆筒	19	190	190	18	30	5	80
套针	17	420	420	17	30	4	60
结平半转	16	236	236	3	30	4	60
脚过衫身	15	250	250	3	30	5	80
放眼	12	401	401	3	30	5	80
前幅脚	3	220	220	3	30	5	80
前幅身	4	400	400	4	30	5	80
前幅身夹上	4	400	400	5	25	5	80
前幅身领位	4	400	400	6	20	5	80
后幅脚	9	220	220	9	40	5	80
后幅身	10	400	400	10	40	5	80
后幅身夹上	10	400	400	11	40	5	80
后幅身领位	10	400	400	12	40	5	80
袖咀	13	220	220	13	30	5	80
袖身	14	400	400	14	40	5	80
袖身夹下	14	400	400	15	40	5	80
袖身夹上	14	400	400	16	40	5	80
身第 2 组织	5	377	377	5	25	5	80
身第 3 组织	6	377	377	6	20	5	80
身第 4 组织	7	377	377	7	30	5	80
身第 5 组织	8	377	377	8	30	5	80

图 7 - 3　织机设定

二、方格纸汇出电控档流程

在汇出时有关机器设定、纱咀设定和解释设定如图7-4所示。

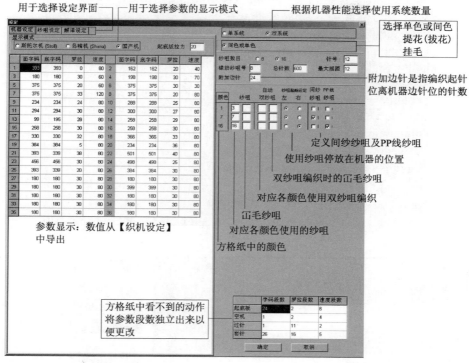

(a)

(b)

(c)

图7-4

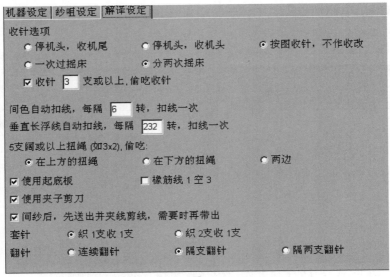

(d)

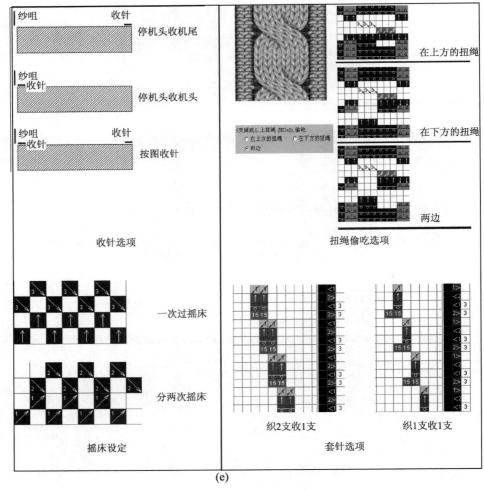

(e)

图 7-4　机器、纱咀和解释设定

第二节　电控档符号工具及使用

一、电控档符号及说明

电控档的符号及说明如图 7 - 5 所示,电控档中的符号,结合电脑横机的选针系统,大致可以分为以下几大类:

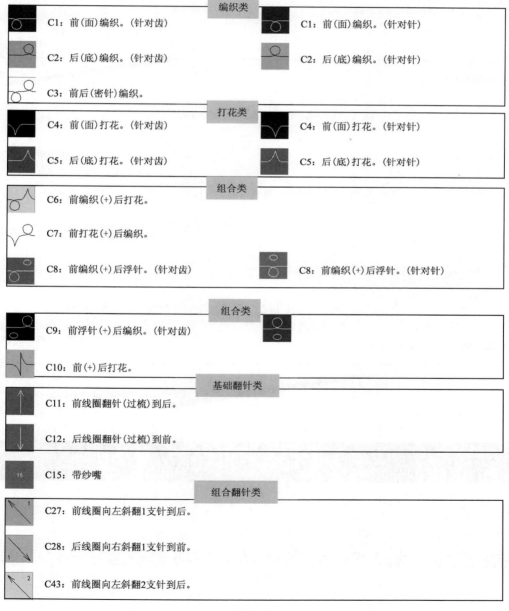

图 7 - 5

组合翻针类

C44：后线圈向右斜翻2支针到前。

C59：前线圈向左斜翻3支针到后。

C60：后线圈向右斜翻3支针到前。

C75：前线圈向左斜翻4支针到后。

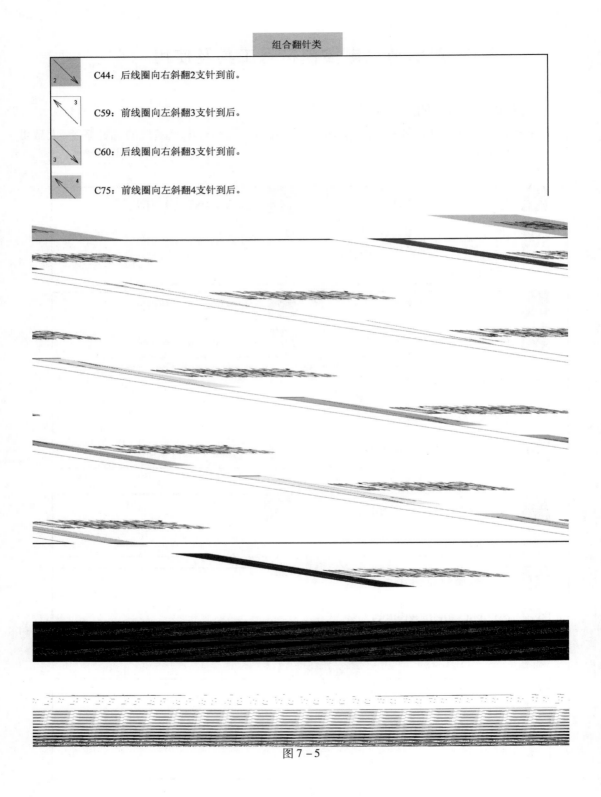

图 7 – 5

图7-5 电控档符号及说明

1. 编织 最基本的是前编织、后编织。

2. 打花(吊目) 最基本的是前打花、后打花。

3. 空针 不选针。

4. 翻针 最基本的是前翻后、后翻前。

通过以上七种最基本的动作,组合出电脑横机以下各种动作:密针(前编织 + 后编织)、前织后吊(前编织 + 后打花)、前织后空针(面元筒)、各种斜翻动作(翻针 + 摎波)。

二、电控档功能线及说明

电控档功能线如图7-6所示。

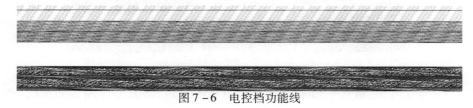

图7-6 电控档功能线

1. 机头方向及使用系统显示 机头方向及使用系统显示如图7-7所示。

图 7-7　机头方向及使用系统显示

2. 纱咀（编织纱咀及㘴毛纱咀）　第 1 列纱咀表示本行使用的编织纱咀，第 2 列纱咀表示本行使用的㘴毛纱咀。一般机器会有四条（A、B、C、D）梭杠，每条梭杠前后两侧各摆放两把纱咀（左、右各一把）。4×2×2 共计 16 把纱咀。纱咀顺序号如图 7-8 所示。通过调整两纱咀的开口宽度，使一把纱咀永远在前，并单个系统同时弹出 2 个电磁铁来完成带纱咀的动作，即双纱咀㘴毛。

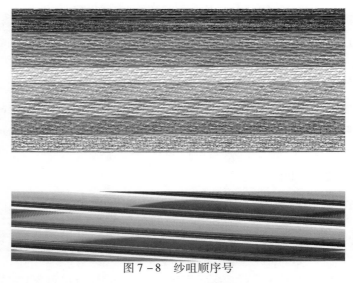

图 7-8　纱咀顺序号

3. 隔支　在对应行的隔支一列填写数字 1，重新解译后，就会变成隔支的情况，如图 7-9 所示，图的上面为未隔支情况，图的下面为隔支情况。之所以进行隔支翻针，是为了防止翻针时漏针。

图7-9 隔支

4. 字码、罗拉、速度 在编织过程中,由于不同的组织,字码不同,电脑横机为了便于区分及调机,在不同的组织处,做上不同的标记,也就是字码段数。同样,不同的动作需要使用不同的速度,速度的标记就是速度段数。而不同的组织结合不同的速度以及编织的宽度,需要的拉力值也是不同的(手摇机挂砣方式对比),不同拉力值的标记即为拉力段数。

以图7-10为例,在编织1×1时,度目段为第3段,在翻针前,需要将字码放松,采用了15段,翻针后的组织与1×1组织的字码不同,采用了第4段。

需要一提的是,以上举例的数字不是固定的,可以根据习惯来定义每一段的组织或动作。例如前幅脚组织为第3段,后幅脚组织为第9段,袖脚组织为13段等。

图7-10 字码、罗拉及速度

5. 摇向、摇距 编织时,某些特殊要求部位需要搅波,即摇床。例如2×1组织上梳时,需要搅1个波位。摇向即搅波方向,摇距即搅波的针数。当两相邻行摇向相同但摇距不相同时,并非先回到零波位再搅回来,而是只回相差摇距的波位,不填写则代表不搅波。如图7-11,第一行向右搅1个波位,第二行向右搅2个波位,则机器执行第二行时,是继续向右搅1个波位,而不会回到原位再向右搅2个波位。

6. 排针、压脚、纱出

(1)排针:针对齿 ▦、针对针。在一行内只要有密针符号,排针一定是针对齿。

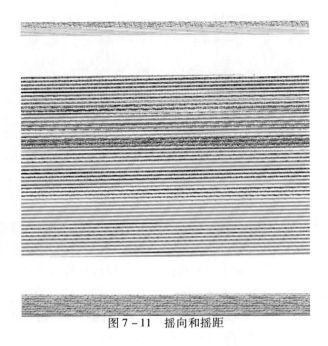

图 7-11　摇向和摇距

（2）压脚：机器上辅助成圈的装置，对应行中填写 1 则表示此行使用压脚，空白则表示不使用。

（3）纱出：某把纱咀使用完毕或暂时不使用时，将该纱咀送出至该纱咀的起始位置，即为纱出。

电控档中对应此行的纱咀，在纱出一列填写数字 1 即表示将该纱咀送出。如图 7-12 的第 2 行，该行使用纱咀为 3 号，在该行的纱出一列有数字 1，即表示该行编织完成后将 3 号纱咀向左带出（向左/向右需结合方向一列功能线）。

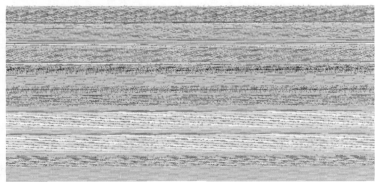

图 7-12　排针、压脚和纱出

7. 夹放、夹剪、结尾　如图 7-13 所示，纱咀上穿的线，为了避免弹弓报警，都使用夹子夹持，在使用时，为了避免抽筋，是需要将夹子放开的，称为夹放；而在编织完成时，又需将纱线夹持并剪断，才能使该编织物顺利掉落，纱线被夹持及剪断称为夹剪；电脑横机在编织过程中，是不知道档案到何处结尾的，需要给机器一个指令，令其编织到此行时停止/计数为 1 件，电控档中某行处在结尾功能线一列填写数字 1，即代表本档案到此行结束。

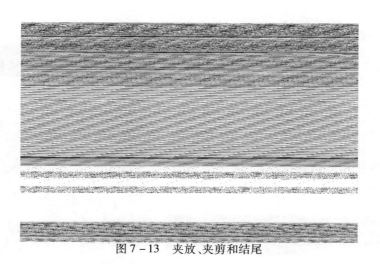

图 7-13　夹放、夹剪和结尾

由此可见,一个档案只有一个结尾。

三、电控档工具的使用

1. 设定图像范围　图 7-14 所示是设定图像范围的子菜单。设定图像范围的用途大致分为以下两种:

(1)进行下一步操作的前提,很多工具的操作都是在特有范围内有效的,例如复制、循环、颜色转换等;

(2)用于查看针数及行数。

2. 复制已选图像　图 7-15 所示是复制已选图像的子菜单。

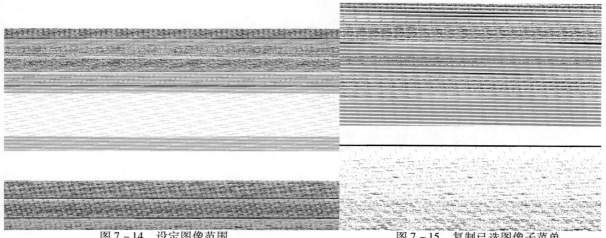

图 7-14　设定图像范围　　　　　　　　　图 7-15　复制已选图像子菜单

3. 循环　图 7-16 所示是循环子菜单。

4. 清除　图 7-17 所示是清除的三种模式:清除设定图像范围外的图像、清除设定范围内的图像、全清。

<table>
<tr><td>图 7 – 16　循环子菜单</td><td>图 7 – 17　清除的三种模式</td></tr>
</table>

5. 转换颜色　图 7 – 18 所示是转换颜色的子菜单。

6. 插入横行/直行　图 7 – 19 所示是插入横行的子菜单。插入直行的应用,与插入横行相似。需要注意的是:插入横行/直行可以直接输入需要的空行数。但复制横行/直行、删除横行/直行不可以输入行数,需使用鼠标拖动。

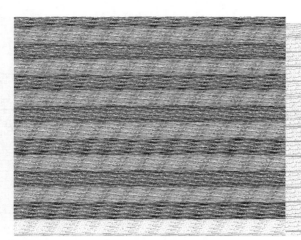

<table>
<tr><td>图 7 – 18　转换颜色子菜单</td><td>图 7 – 19　插入横行子菜单</td></tr>
</table>

四、电控档详解

图 7 – 20 电控档中包括所有编织的信息,所以看懂并能熟练运用电控档,是完成自动化上机的第一步。

同纱（提前吃线，是为了防止开针点太大，吃不到线）

落布

同纱

单边组织

过针成单边

1×1组织

上梳及上梳后元筒

编织几转同纱后，翻针成单边，再翻回原纱，将纱咀带入线，组织完成，将同纱停放在编织需要位置的两侧

先将同纱的线圈翻针单边，再翻回原纱，将纱咀带入'压线'，组织完成，并根据需要将纱咀停放在编织位置的两侧

附录 毛衫专业名词企业用语与书面语的对照

序号	企业用语	书面语
1	单边	纬平针
2	1×1罗纹,隔针罗纹	1+1罗纹
3	2×1罗纹	2+2罗纹
4	四平空转	罗纹空气层
5	三平	罗纹半空气层
6	柳条	畦编
7	珠地	半畦编
8	扳花	波纹
9	圆筒	管状平针
10	四平	满针罗纹
11	收花	多针式暗收针
12	勾耳仔	暗放针
13	支	针,纵行
14	n 支拉	拉密,n 纵行拉
15	n 支边(收花)	多针式移圈收针的针数与并针针数的差值, 如4支边指边上的4针不并针,从第5针开始并针
16	拉密	下机密度
17	直密	纵密
18	字码	弯纱三角密度调节
19	坑	罗纹反针
20	英寸	2.54cm
21	下数	羊毛衫生产工艺
22	下数纸	羊毛衫生产工艺单
23	度	测量
24	袖咀(zui)(袖嘴)	袖口
25	袖咀长	袖口高
26	袖尾	袖顶
27	衫长	衣长,身长
28	衫脚	下摆

序号	企业用语	书　面　语
29	夹阔	挂肩
30	膊	肩
31	夹	袖隆
32	膊阔	肩阔
33	单膊阔	单肩阔
34	膊斜	肩斜
35	担干	前片有平位插肩袖的平位
36	直夹	直袖（衣身挖肩为 0）
37	入夹	装袖（衣身挂肩收针高度 = 袖子收针高度）
38	弯夹	装袖（袖子收针高度 > 袖子收针高度，约 2 倍）
39	对膊	装袖（前后片肩斜相等），平肩
40	尖膊	插肩袖（前片无平位）、斜肩
41	马鞍膊	插肩袖（前片有平位）、马鞍肩
42	西装膊	装袖（前肩斜为 0，后肩斜 = 2 × 成品肩斜）、斜肩
43	收夹	挂肩收针
44	夹上转数	挂肩以上转数
45	夹下转数	挂肩以下转数
46	夹上平摇转数	挂肩平摇转数
47	夹收针次数	挂肩收针次数
48	加针表示法 $a+b+c$	加针表示法 $a+b \times c$
49	收针表示法 $a-b-c$	收针表示法 $a-b \times c$
50	扭绳、绞花	交叉移圈组织
51	坑条	罗纹组织
52	挂毛	嵌花组织
53	拨花	提花组织
54	挑吼（hou）、挑孔	孔眼移圈组织
55	搬揽、搬针	单支针或多支针向多方向搬移的移圈组织例如阿兰花
56	打花（吊目）	集圈组织
57	令士	正反面织物组织的一种（线圈在不同针床之间转移形成方格、菱形等外观特点的织物组织）正反面组织还有双反面、桂花等
58	打鸡	罗纹平针复合组织也称为四平、三平
59	搇（man）波、扳花	波纹组织、摇床
60	搇波针数	摇距
61	搇波方向	摇向

序号	企业用语	书 面 语
62	㡌毛(kan)、盖毛	添纱组织
63	毛料	毛纱
64	2 条毛	2 根纱线
65	膊骨	肩缝
66	色纱间	横条纹
67	袖管阔	袖阔
68	袖尾剩针	袖山针数
69	前幅面	前片
70	后幅面	后片
71	袖幅面	袖片
72	面 1 支包	前针床排针两侧多于后针床各 1 针
73	吋、英吋	英寸,25.4mm
74	平膊钑(xi)膊骨	对膊(包缝缝合形成肩斜)
75	平膊后膊花	西装膊
76	平膊收膊花	对膊(收针形成肩斜)
77	铲膊、停针	将前针床线圈逐步转移到后针床并停止编织,用此方式收针以形成肩斜的方法
78	支数	针数
79	毛料支数	纱线细度(公支或英支)
80	隔支	隔针
81	下栏	领子、口袋、帽子等附件
82	加膊针	肩部加针
83	电控档	电脑横机控制文件
84	平方	成品密度
85	贴	附件
86	帽贴	帽子
87	胸贴	门襟
88	袋贴	口袋附件
89	领贴	领子
90	n 坑拉	拉密,n 个反针纵行拉
91	$n \times (n-1)$ 罗纹	针床对位方式为针对齿,$n+n$ 罗纹组织(例如 2×1 即 $2+2$;3×2 即 $3+3$;5×1 即 $5+2$ 等)